Greenhouse Gas
EMISSION
REDUCTION
Market Mechanisms and Action Choices

温室气体减排
市场机制与行动选择

蒋惠琴　著

ZHEJIANG UNIVERSITY PRESS
浙江大学出版社
·杭州·

图书在版编目(CIP)数据

温室气体减排:市场机制与行动选择/蒋惠琴著
. —杭州:浙江大学出版社,2023.6
ISBN 978-7-308-24150-2

Ⅰ.①温… Ⅱ.①蒋… Ⅲ.①温室效应－有害气体－
节能减排－研究 Ⅳ.①X511

中国国家版本馆CIP数据核字(2023)第164156号

温室气体减排:市场机制与行动选择

蒋惠琴 著

责任编辑	叶思源	
责任校对	陈　宇	
封面设计	春天书装	
出版发行	浙江大学出版社	
	(杭州市天目山路148号	邮政编码310007)
	(网址:http://www.zjupress.com)	
排　版	杭州星云光电图文制作有限公司	
印　刷	浙江新华数码印务有限公司	
开　本	710mm×1000mm　1/16	
印　张	11.75	
字　数	200千	
版印次	2023年6月第1版　2023年6月第1次印刷	
书　号	ISBN 978-7-308-24150-2	
定　价	88.00元	

前　言

　　气候变化是当今人类社会共同面临的挑战。气候变暖加剧了气候系统的不稳定性,导致极端天气事件更易发生,将直接影响人类的生存。应对气候变化,实现绿色低碳转型,已经成为世界各国共同的责任。中国一直在积极承担大国责任,引领应对气候变化的国际合作,努力成为全球生态文明建设的重要参与者、贡献者和引领者。2020年9月,中国在第七十五届联合国大会上向全世界庄严宣布:力争于2030年前二氧化碳排放达到峰值、2060年前实现碳中和。"双碳"目标的提出,进一步展现了中国应对气候变化、推动人类可持续发展的决心。

　　党的二十大报告中强调,我们要加快发展方式绿色转型,实施全面节约战略,发展绿色低碳产业,倡导绿色消费,推动形成绿色低碳的生产方式和生活方式。要积极稳妥推进碳达峰碳中和,立足我国能源资源禀赋,坚持先立后破,有计划分步骤实施碳达峰行动,深入推进能源革命,加强煤炭清洁高效利用,加快规划建设新型能源体系,积极参与应对气候变化全球治理。推进碳达峰碳中和,是中国对国际社会的庄严承诺,也是推动高质量发展的内在要求。

　　浙江工业大学绿色低碳发展研究中心的研究团队长期从事低碳管理与资源环境政策研究。2010年至今,研究团队一直承担"浙江省工业生产过程温室气体排放清单"(2005年度至今)的编制工作,对省、市、县(市、区)等区域的碳排放核算方法有着扎实的理论研究基础和丰富的实践经验。自2012年以来,团队围绕碳交易与配额分配、工业领域碳减排以及城市碳达峰等展开了一系列研究,先后承担国家社会科学基金、教育部人文社会科学研究项目、浙江省自然科学基金、浙江省哲学社会科学规划项目以及浙江省发展改革委员会、浙江省生态环境厅等的一系列研究课题,在国内外期刊上发表大量学术论文。因此,本书的出版,是本研究团队对以往研究成果的系统梳理和提炼,也是对相关研究的进一步推进和提升。

　　本书坚持问题导向,围绕温室气体减排以及碳达峰碳中和这一重大的全局性和战略性问题，从理论和实践方面进行系统思考。本书共分为 9 章。第 1 章主要阐述了全球应对气候变化的时代背景，并就环境产权、碳交易机制、碳达峰与碳中和等相关概念和理论展开详细论述。第 2 章分析了欧盟碳市场的特征、我国碳交易市场的发展历程以及我国试点碳市场价格变化特征。第 3 章对碳排放权初始配额总量设定以及分配方法进行了比较研究。第 4～5 章基于全国省域的空间维度展开研究，第 4 章基于公平和效率的原则对我国省域间碳排放权配额分配进行实证研究，第 5 章聚焦我国省域工业部门碳排放的时空演变格局展开研究。第 6～7 章基于长三角区域的空间维度展开研究，第 6 章对不同城镇化发展阶段的城市进行碳达峰影响因素异质性分析，第 7 章重点对长三角城市群展开达峰预测研究，最后提出碳中和愿景下不同城镇化水平的城市碳达峰对策建议。第 8～9 章基于浙江省域的空间维度展开研究，第 8 章对浙江省工业部门碳达峰和碳减排策略展开实证研究，第 9 章分析了居民需求水平对浙江省工业部门碳排放的影响，并提出对策建议。本书对我国推进温室气体减排工作具有指导意义，对相关部门进行科学决策具有参考价值，以期为推动碳达峰碳中和目标的实现提供理论支撑和智力支持。

　　本书是国家社会科学基金项目（编号：22BGL199）和浙江省哲学社会科学规划项目（编号：22NDJC058YB）的阶段性研究成果。将其付梓之际，要感谢浙江工业大学绿色低碳发展研究中心主任鲍健强教授以及中心所有同仁，从书稿撰写到成文付梓，每个环节都融入了诸多同仁的智慧。本书是团队成员共同的研究成果，各章主要撰写者包括蒋惠琴（第 1～9 章）、邵鑫潇（第 4 章）、俞银华（第 5 章）、陈苗苗（第 6～7 章）、李奕萱（第 8～9 章）。感谢浙江工业大学邵鑫潇老师在书稿文字编辑与修订中付出的精力和心血。感谢浙江工业大学公共管理学院本科生刘银、胡佳晨同学对统稿审稿的投入与负责。最后，本书参考和引用了一些专家学者的文献资料与研究成果，在此一并表示感谢。

　　应对气候变化是人类共同的事业！我们衷心希望本书可以为国内外同行的科学研究和政府部门的公共决策提供借鉴参考，为推动全社会共同关注气候变化问题，为国家绿色低碳转型发展，为实现碳达峰碳中和战略，为人类社会的可持续发展贡献绵薄之力。由于作者研究视角和水平有限，有些观点与论述可能有待商榷，恳请广大读者与同行批评指正。

蒋惠琴

2022 年 11 月于杭州

目　录

第1章 应对气候变化的时代背景与理论基础

1.1 全球应对气候变化

1.1.1 人类活动与温室效应

目前,气候变化已经成为人类发展的一大挑战,能源问题和环境问题越来越受到世界各国的重视。自 1988 年以来,联合国政府间气候变化专门委员会(IPCC)先后发表了六份全球气候变化评估报告,其中,IPCC 第五次评估报告(AR5)(IPCC,2013)对气候变化事实和趋势的评估结论显示,人类活动极有可能是导致 20 世纪中叶以来气候变暖的主要因素。报告认为,过去 50 年全球气候变暖超过 90% 的可能性与人类使用的燃料产生的温室气体增加有关,它使地球表面温度上升了 1.4~5.8℃,导致自然灾害更加频繁,物种灭绝速度加快,人类生存环境堪忧(见图 1.1)。

IPCC 第六次评估报告(AR6)第一工作组(WG1)报告(IPCC,2021)再次强调,当前气候系统的很多状态在过去几个世纪甚至几千年来都从未出现过,大气中的二氧化碳(CO_2)浓度达到近 200 万年以来的最高值;自 1970 年以来,全球地表气温也是近 2000 年来最高的。这些事实都说明,自工业化进程开始以来,人类活动已经对地球气候系统产生了非常深刻的影响。AR5 认为,人为排放温室气体的辐射强迫造成了 1951—2010 年的升温;AR6 则认为,人为排放的温室气体导致 2010—2019 年地球表面温度较 1850—1900 年上升了 1.0~2.0℃,可见人类活动对全球变暖的影响越来越突出。AR6 进一步确认了全球气候变暖的幅度与二氧化碳累积排放量之间的关系,指出人类活动每排放 1 万亿吨二氧化碳,全球平均气温将上升 0.27~0.63℃。

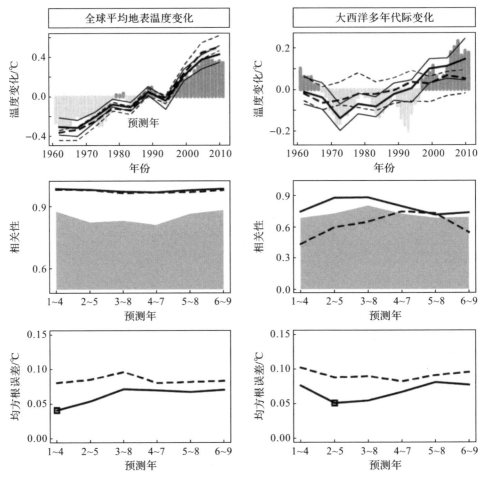

图 1.1　地球表面温度变化

与 AR5 相比，AR6 在评估中提出的观测到的极端天气变化的相关证据，特别是将其归因于人类活动影响的证据有所加强。人类活动造成的气候变化已影响到全球每个区域，造成许多极端天气事件。第二工作组（WG2）报告（IPCC，2022）显示，气候变化已经在陆地、淡水、沿海和远洋生态系统中造成了巨大的破坏和不可逆转的损失。由于气温升高和干旱，目前全球四分之一的自然土地的火灾季节延长。同时，物种的减少降低了生态系统提供服务的能力，也降低了生态系统对气候变化的适应能力。而频繁的火灾和生态系统储碳量的减少可能会大幅增加陆地碳向大气的释放，从而引发不断加剧的恶性循环。这些结论再次凸显了应对气候变化的必要性和紧迫性。

1.1.2　全球应对气候变化的谈判

温室气体减排问题伴随着人类社会对气候变化问题的关注而产生,并随着人们对有效控制温室气体排放、减少气候变化危害意识的增强而深化。为使世界各国达成具有约束力的温室气体减排协议,联合国组织召开了一系列全球气候变化会议,这些会议达成了一系列具有国际约束力的公约,其中最为重要的是《联合国气候变化框架公约》《京都议定书》和《巴黎协定》。

1992 年,联合国环境与发展会议在巴西里约热内卢召开,会议通过了《联合国气候变化框架公约》(*United Nations Framework Convention on Climate Change*,UNFCCC,以下简称《公约》),这是世界上第一个要求控制二氧化碳等温室气体排放,应对全球气候变化给人类社会带来不利影响的国际公约,也是世界各国在应对全球气候变暖问题上进行国际合作的一个基本框架。目前加入该公约的缔约方近 200 个,每个缔约方都必须定期提交专项报告,其内容包括该缔约方的温室气体排放信息、所采取的减排计划及具体措施。从 1995 年起,《公约》缔约方每年召开缔约方会议,以评估应对气候变化的进展,至今缔约方会议已召开过 27 次。

1997 年,缔约方第三次会议在日本京都召开,会议通过了《京都议定书》,这是对《公约》内容的进一步补充。《京都议定书》正式提出了应对气候变化"共同但有区别的责任"原则,对发达国家一期(2008—2012 年)的碳排放有了量化的和法律的约束,即二氧化碳等六种温室气体排放量在 1990 年的基础上平均每年减少5.2%,而对发展中国家则以发展权为优先选项,暂时不承担减排义务和责任。除此之外,《京都议定书》还建立了三种旨在温室气体减排的灵活履约机制——碳排放交易机制(emissions trading system,ETS)、联合履行机制(joint implementation,JI)和清洁发展机制(clean development mechanism,CDM),这些机制为碳市场的诞生奠定了制度性基础。

2015 年底,第 21 届联合国气候变化大会在法国巴黎召开,会议上近 200 个国家及地区提交了应对气候变化"国家自主贡献"文件,会议通过了具有里程碑意义的《巴黎协定》。该协定基于公平、责任和能力的原则,要求各履约方加强应对气候变化的能力建设,将全球环境气温上升控制在 2℃ 以内,并尽力不超过 1.5℃,到21 世纪下半叶实现温室气体净零排放。《巴黎协定》是继《公约》和《京都议定书》之后对 2020 年以后全球气候治理的新协定。《巴黎协定》的"国家自主贡献"标志着全球气候治理由"强制约束"向"自觉责任"的转变;同时,《巴黎协定》强调了发达国家要承担历史责任,为发展中国家提供资金、技术以及能力提升等方面的帮助与支持。

1.1.3 全球碳交易市场建设

在国际社会的积极推动下,全世界都在为应对气候变化积极行动。碳交易机制被认为是应对气候变化最主要的市场机制,其优越性在于它能够通过市场化的手段,让市场主体自主选择以较低成本减排或者购买配额,从而在达到减排目标的前提下实现全社会总体减排成本最小。自 2002 年英国建立了世界上第一个碳排放交易市场以来,澳大利亚新南威尔士州温室气体减排计划(NSW GGAS),美国区域温室气体减排行动(RGGI),欧盟碳排放交易体系(EU ETS),西部气候倡议(WCI),新西兰碳排放交易体系(NZ ETS),印度执行、完成和交易机制(IND PAT),美国加州碳排放交易体系(CAL ETS),韩国碳排放交易体系(KETS)等先后出现。2021 年,世界上覆盖排放量最大的碳市场——中国国家碳交易市场正式开始交易,英国和德国国家碳市场也开始启动。至此,占全球 GDP 55% 的国家和地区已采用碳排放交易机制,覆盖全球温室气体排放量的 17%。2010—2020 年全球碳交易成交量如图 1.2 所示。因此,应对气候变化已成为全人类的基本共识和集体行动。

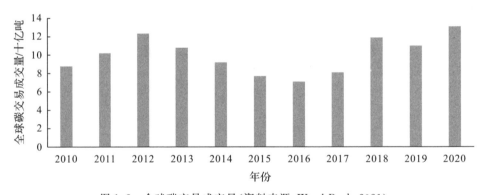

图 1.2　全球碳交易成交量(资料来源:Word Bank,2021)

其中,欧盟碳交易体系(European Union Emission Trading Scheme,EU ETS)是全球第一个跨国家、参与国家最多的区域性碳排放权交易市场,它是欧盟应对气候变化和以最低成本减少温室气体排放的政策框架的基石。EU ETS 覆盖 27 个欧盟成员国、英国、冰岛、挪威和列支敦士登约 11000 个发电站、制造工厂及航空公司约 45% 的温室气体排放量,在 2017 年底之前约占全球 80% 的交易额,是全球最成熟的碳交易市场。EU ETS 自 2005 年推出以来,所涵盖的行业已经减少了约 43% 的排放量,也经历了多次改革。欧盟碳交易计划目前已经进入第四阶段

（2021—2030 年），计划从 2023 年起扩大欧洲经济区内海事部门排放的系统范围（前三阶段见表 1.1）

表 1.1　欧盟碳交易体系发展历程（前三阶段）

项目	第一阶段 （2005—2007 年）	第二阶段 （2008—2012 年）	第三阶段 （2013—2020 年）
参与国	最初 25 个，2007 年罗马尼亚和保加利亚加入	新增冰岛、挪威、列支敦士登	新增克罗地亚
减排目标	完成《京都议定书》所承诺减排目标的 45%	在 1990 年的基础上减排 8%（相比 2005 年减排 6.5%）	在 1990 年的基础上减排 20%（相比 2005 年减排 21%）
配额总量	年平均配额为 22.985 亿吨	年平均配额为 20.865 亿吨	2013 年年平均配额为 20.39 亿吨，以后每年减少 1.74%（37.4 亿吨），由欧盟委员会统一分配
管制行业	能源、冶炼、钢铁、水泥、陶瓷、玻璃与造纸等行业	航空业、硝酸制造业（2012 年起）	管制范围扩大到石油化工、碳捕集、铝工业等行业
控制气体	CO_2	CO_2、N_2O	CO_2、N_2O、PFCs
配额分配方法	95% 以上配额免费发放，祖父法	90% 的配额免费发放，祖父法、基准法	超过 50% 的配额用于拍卖，2020 年实现 100% 拍卖，新入企业基准法免费分配
储备	不得跨期储存或借贷	可跨期储存，不得跨期借贷；禁止核电、水电和林地项目	可跨期储存，不得跨期借贷；禁止核电、水电和林地项目；只允许最不发达国家的 CER 和 EUR*；不得超过减排量的 50%
惩罚	超额 1 吨，处罚 40 欧元	超额 1 吨，处罚 100 欧元，并且从次年的配额中将超额排放量扣除	超额 1 吨，处罚 100 欧元，并且从次年的企业排放许可权中将超额排放量扣除

* CER（certified emission reduction）即核证减排量，是清洁发展机制（CDM）下附件一缔约方与非附件一缔约方开展项目合作产生的碳排放量，这些项目产生的减排数额可以被发达国家作为履行承诺的可限排或减排量。ERU（emission reduction units）即减排单位，是联合履约机制（JI）下附件一缔约方之间合作开展项目所产生的减排量。

1.1.4　我国积极应对气候变化

自改革开放以来，我国经济快速发展，但在发展中不可避免地产生了资源消耗和碳排放增加、环境恶化等问题。发展低碳经济是我国实现可持续发展的内在要求。作为发展中国家，我国一直积极地承担大国的责任。早在 2009 年哥本哈根世界气候大会召开前期，我国就提出到 2020 年实现单位 GDP 二氧化碳排放比 2005 年下降 40％～45％的目标。我国倡导建立公平合理的全球气候治理体系。

2011 年 10 月，国家发展和改革委员会发布《关于开展碳排放权交易试点工作的通知》，批准北京、天津、上海、重庆、湖北、广东以及深圳七个省市开展碳排放权交易试点工作，为建设全国统一的碳市场摸索规律、探索经验。截至 2018 年 8 月底，试点碳市场累计成交配额约 1.23 亿吨二氧化碳当量，累计成交额约 60 亿元人民币，试点碳市场范围内的二氧化碳排放总量和排放强度实现"双下降"。试点启动之后，国家发布了《温室气体自愿减排交易管理暂行办法》，并分三个批次公布了 24 个重点行业温室气体排放核算方法与报告指南。2014 年 12 月，国家发改委又出台了《碳排放权交易管理暂行办法》，再次对我国碳交易市场的发展方向、组织架构等提出规范性要求。2015 年 6 月底，我国向《公约》秘书处提交了应对气候变化国家自主贡献文件《强化应对气候变化行动——中国国家自主贡献》，明确了 2030 年应对气候变化的行动目标：二氧化碳排放在 2030 年左右达到峰值并争取尽早达峰；单位 GDP 二氧化碳排放比 2005 年下降 60％～65％；非化石能源占一次能源消费比重达到 20％左右；森林蓄积量比 2005 年增加 45 亿立方米左右，这为《巴黎协定》的达成做出了重要贡献。

2016 年 1 月，国家发布《关于切实做好全国碳排放权交易市场启动重点工作的通知》，形成国家、地方和企业上下联动、互相配合的工作机制，将全国统一碳排放权交易市场建设纳入重要议事日程。2016 年 10 月，国务院发布《"十三五"控制温室气体排放工作方案》，对"十三五"时期应对气候变化、推进低碳发展工作做全面部署，要求启动运行全国碳交易市场，强化碳交易基础支撑能力。2017 年 10 月，党的十九大报告指出，我国要引导应对气候变化国际合作，成为全球生态文明建设的重要参与者、贡献者、引领者，要加快推进绿色发展，建立健全绿色低碳循环发展的经济体系，构建清洁低碳、安全高效的能源体系，倡导绿色低碳的生活方式，落实减排承诺，与各方合作应对气候变化，保护好人类赖以生存的地球家园。2017 年底，我国发布《全国碳排放权交易市场建设方案（发电行业）》，标志着全国统一碳交易市场建设正式启动。尽管碳市场建设初期只覆盖电力一个行业，但是目前全国已有 2000 多家电力企业被纳入其中，这些企业碳排放量超过 40 亿吨，超过目前世界范围内已经运行的最大的欧盟碳市场（每年约 20 亿吨排放量）。

2020 年 9 月 22 日，我国在第七十五届联合国大会一般性辩论上庄严宣告，力争于 2030 年前达到二氧化碳排放峰值，努力争取 2060 年前实现碳中和。2020 年 12 月底，生态环境部公布《碳排放权交易管理办法（试行）》；2021 年 7 月 16 日，全国碳排放权交易市场上线交易正式启动；2021 年 9 月 22 日，中共中央、国务院公布《关于完整准确全面贯彻新发展理念做好碳达峰碳中和工作的意见》;2021 年 10 月 24 日,国务院印发《2030 年前碳达峰行动方案》,此后部分相关行业和领域的方案陆续出台,1＋N 的政策体系逐渐形成。党的二十大报告强调,要积极稳妥推进碳达峰、碳中和("双碳"),有计划分步骤实施碳达峰行动,深入推进能源革命,加强煤炭清洁高效利用,积极参与应对气候变化全球治理。"双碳"已成为引领中国中长期可持续发展的纲领性目标,碳市场也已成为各区域内重要的市场化减排手段。

综上所述,我国在积极推动国际合作机制建立的同时,一直在努力开展应对气候变化的实践和探索(应对全球气候变化主要事件见表 1.2),不断提高能源利用效率,优化能源结构和产业结构,减少煤炭消费,发展可再生能源,增加森林碳汇,并取得了积极的成效,碳排放快速增长的局面得到初步扭转。2021 年,我国煤炭占能源消费总量比重由 2005 年的 72.4％下降至 56.0％,非化石能源消费比重达16.6％左右,可再生能源发电装机达到 10.6 亿千瓦,占总发电装机容量的44.8％,其中风电、光伏发电装机均突破 3 亿千瓦,稳居世界首位。与此同时,全国碳市场第一个履约周期顺利收官,碳排放配额累计成交量达到 1.79 亿吨,累计成交额达到 76.61 亿元(生态环境部,2021)。低碳试点示范和气候适应型城市建设试点工作不断推进,适应气候变化能力持续提高,全社会低碳意识不断提升。我国积极参与和引领全球气候治理,已经成为重要的参与者、贡献者和引领者。

表 1.2　中国应对全球气候变化事件时间表

时间	事件	目标
1994 年	《中国 21 世纪议程——中国 21 世纪人口、环境与发展白皮书》发布	开启我国可持续发展进程
2003 年	《中国 21 世纪初可持续发展行动纲要》发布	从高消耗、高污染、低效益向低消耗、低污染、高效益转变
2007 年 6 月	《中国应对气候变化国家方案》发布	将应对全球气候变化提升至国家战略层面
2009 年 12 月	哥本哈根气候变化大会召开	2020 年碳排放强度比 2005 年下降 40％～45％,建立全国统一的统计监测考核体系
2010 年 7 月	《关于开展低碳省区和低碳城市试点工作的通知》发布	研究运用市场机制推动实现减排目标
2011 年 10 月	《关于开展碳排放权交易试点工作的通知》发布	批准京、津、沪、渝、鄂、粤、深开展碳排放权交易试点
2012 年 6 月	《温室气体自愿减排交易管理暂行办法》发布	对中国核证自愿减排量(Chinese certified emission reduction, CCER)项目开发、交易进行系统规范

续表

时间	事件	目标
2013 年 10 月— 2015 年 7 月	分三批次公布 24 个行业企业温室气体排放核算方法与报告指南	构建国家、地方、企业三级温室气体排放核算工作体系，实行重点企业直接报送温室气体排放数据提供方法指南
2014 年 11 月	《中美气候变化联合声明》发布	2030 年左右碳排放达到峰值且争取早日达峰
2014 年 12 月	《碳排放权交易管理暂行办法》发布	对全国碳市场发展方向、组织架构提出规范性要求
2015 年 4 月	《中共中央 国务院关于加快推进生态文明建设的意见》发布	深入持久地推进生态文明建设，加快形成人与自然和谐发展的现代化建设新格局
2015 年 7 月	《强化应对气候变化行动——中国国家自主贡献》发布	明确 2030 年应对气候变化的行动目标
2015 年 12 月	巴黎气候变化大会召开	提出 2030 年碳排放强度比 2005 年下降 60%～65%
2016 年 2 月	《城市适应气候变化行动方案》发布	积极应对全球气候变化，有效提升我国城市的适应气候变化能力
2016 年 12 月	《绿色发展指标体系》《生态文明建设考核目标体系》发布	碳减排作为生态文明建设评价考核依据
2016 年 12 月	《中华人民共和国环境保护税法》发布	保护和改善环境，减少污染物排放，推进生态文明建设
2017 年 12 月	《全国碳排放权交易市场建设方案（发电行业）》发布	全国碳排放交易体系正式启动
2018 年 6 月	《打赢蓝天保卫战三年行动计划》发布	加快改善环境空气质量，打赢蓝天保卫战
2019 年 5 月	《大型活动碳中和实施指南（试行）》发布	指导规范大型活动实施碳中和
2020 年 9 月	第七十五届联合国大会召开	宣布"3060""双碳"目标
2020 年 12 月	《碳排放权交易管理办法（试行）》发布	在应对气候变化和促进绿色低碳发展中充分发挥市场机制作用
2021 年 7 月	全国碳排放权交易市场上线交易正式启动	全国碳市场以电力行业为基础正式启动，覆盖约 45 亿吨碳排放
2021 年 9 月	《中共中央 国务院关于完整准确全面贯彻新发展理念做好碳达峰碳中和工作的意见》发布	指导做好碳达峰碳中和这项重大工作的纲领性文件
2021 年 10 月	《2030 年前碳达峰行动方案》发布	此后部分相关行业和领域的方案陆续出台，1＋N 的政策体系逐渐形成

1.2　外部性和环境产权

1.2.1　庇古税与外部性理论

外部性(externality)的概念是由马歇尔和庇古于 20 世纪初提出的。新古典经济学之父马歇尔在《经济学原理》一书中提出了"外部经济"的概念。庇古在此基础上进行了拓展,并在其代表作《福利经济学》一书中首次用经济学的方法,系统地研究了外部性问题,增加了"外部不经济"的概念和内容。外部性,具体是指某个经济主体对另一个经济主体产生的一种外部影响,而这种外部影响是不能通过市场价格进行买卖的(沈满洪等,2002)。当式(1.1)的情况出现时,就可以说某项经济活动产生了外部性:

$$F_j = F_j(X_{1j}, X_{2j}, X_{3j}, \cdots, X_{nj}, X_{mk}) \quad j \neq k \tag{1.1}$$

其中,$X_i(i=1,2,3,\cdots,n,m)$ 为经济活动;j 和 k 为不同的个人(或者厂商)。这就表明个人 j 的福利除了受到自己的经济活动的影响外,还受到另一个人 k 的经济活动的影响,这就是外部性。外部性有正负之分,正负外部性的区别在于增加社会成本还是增加社会收益。正外部性也称为外部经济,指一些人的经济活动使另一些人受益而又无法向后者收费的现象,即式(1.1)中 X_{mk} 给 j 带来的是正向收益。负外部性也称为外部不经济,指一些人的经济活动使另一些人受损而又无法补偿后者的现象,即式(1.1)中 X_{mk} 给 j 带来的是损失。

理论上,碳排放是温室气体排放的一种简称。随着人类社会的发展,大气中二氧化碳的浓度不断上升,当大气中二氧化碳的容量超过地球的吸收能力后,大气中的二氧化碳量越积越多,造成气候变暖,这个过程就是负外部效应。大气环境是全球最大的公共物品,而二氧化碳的排放破坏的是全球的大气资源,且大气的流动性和温室效应的持续性决定了碳排放外部性的全球性与长期性,因此碳排放在时间和空间两个维度上都产生了负外部性。大气的流动性,使得产权主体不明确,就会出现"搭便车"现象,造成"公地悲剧"。综上所述,全球变暖是碳排放负外部效应的集中体现。

从微观经济学的角度分析,负外部性会带来社会整体福利的损失。以排放温室气体的企业为例(见图 1.3),在不考虑外部性的情况下,市场上的供求均衡点在点 E,对应的市场产量为此时的均衡产量 Q。在考虑企业生产的外部性时,企业的供给曲线由 S 移动到 S',上升的部分即为污染成本。同时,供求均衡点由点 E 移

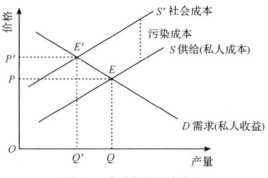

图 1.3   负外部性经济影响

动到点 E',点 Q' 对应的产量为此时的均衡产量,产品的均衡价格也由点 P 上升至点 P'。在没有政府干预的情况下,污染企业作为市场的供给者在进行生产时不会考虑其污染成本,市场均衡相对应的产品价格并没有反映生产的社会成本,而社会成本大于私人的生产成本,因此,在此市场均衡条件下,就会出现负外部性导致的社会总体福利损失。

为了解决这一问题,庇古建议对产生负外部性的产品征税,实现外部成本内部化。庇古认为,在"边际私人净产值"与"边际社会净产值"背离的情况下,自由市场竞争不能实现社会资源配置的帕累托最优,应由政府干预,对产生"边际社会收益"的一方补贴,对产生"边际社会成本"的一方征税,即著名的"庇古税"(张运生,2012)。如果政府将社会成本设定为税额,那么就可以使生产者等额支付其生产带来的外部性成本。仍以排放温室气体的企业为例(见图1.4),假设其生产产品的供给曲线为 S,市场对其产品的需求曲线为 D,供求均衡点 E 对应的产品价格为 P,市场产量为 Q。对这家企业征收碳税,且碳税等于企业生产的外部性成本即

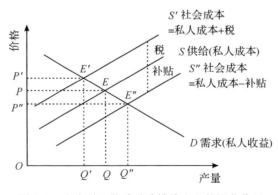

图 1.4   庇古税和补贴对碳排放企业的调节作用

污染成本,则供给曲线 S 会上移到 S',产品价格上升至 P',企业的市场产量会下降到最适产品 Q'。这样,通过对污染企业征税,可有效地使其降低产量,进而实现减排。而对低排放企业,通过发放补贴,企业的供给曲线会由 S 下移到 S'',产品价格下降到 P'',产量增加至 Q''。

1.2.2　科斯定理与环境产权

产权作为经济学理论的一个基本范畴,众多专家学者对其进行了不同角度的解读。现代产权经济学创始人阿尔钦将产权定义为"一个社会所强制实施的选择一种经济品使用的权利"(阿尔钦,1994)。产权不仅是一种权利,更是一种制度规则,是形成并确认权利主体对资产权利的一种方式,也是保障权利主体对资产的排他性权威进而维持资产有效运行的社会制度(于天飞,2007)。《新帕尔格雷夫经济学大辞典》定义的产权为"一种通过社会强制而实现的对某种经济物品的多种用途进行选择的权利"。菲吕博腾等(1994)进一步发展了产权的定义,他们揭示出产权是因产权主体的一定行为而产生的人与人之间的社会关系,进一步说明了产权主体行为的社会属性。

环境产权是指行为主体对某一环境资源拥有的所有权、使用权、占有权、处分权和收益权等各种权利的集合。环境产权的外延可以包括水、阳光、空气等生存资源,也可以包括森林、土地、矿山等自然资源(魏一鸣等,2010)。从经济学的角度看,资源环境的稀缺性不同于其他产品的稀缺性,主要在于资源环境的产权是不清晰的,比如自然界的空气和水具有流动性的特征,因此其无法定价,也无法在市场上进行交易。也正因此,环境污染是具有典型负外部性特征的。

为解决外部性问题,1937 年,英国经济学家科斯在《经济学家》杂志上发表《企业的性质》一文,系统地提出现代西方产权理论。他接受制度经济学派的分析方法,从企业与市场的关系入手,重点研究产权结构对企业经济效率的影响。科斯认为,产权是对使用权的选择权,此选择权是排他的。他在 1959 年发表的《联邦通讯委员会》一文中表示,只要产权不明晰,外部性就不可避免;只要产权界定清楚,那么市场机制便能解决外部性问题。1960 年,他在《法学与经济学》杂志上发表《社会成本问题》一文,明确提出交易成本的概念,并把产权与资源配置效率联系起来,具有划时代的意义。

科斯认为,在交易费用为零的情况下,无论权利如何进行初始配置,当事人之间的谈判都会导致资源配置的帕雷托最优,这就是科斯第一定理。但现实中交易费用往往大于零,因此科斯第二定理指出,在交易费用不为零的情况下,不同的权利配置界定会产生不同的交易费用,由此会带来不同的资源配置效率。科斯第三定理进一步指出，因为交易费用的存在，不同的权利界定和分配则会带来不同效益的资源配置，所以产权制度的设置是优化资源配置的基础（达到帕累托最优）。科斯基于产权思想提出了排污权的概念，并将排污权视作一种生产要素。通过明确排污权的归属，允许排污权交易，就可以实现外部成本的内部化。

在科斯的排污权的理论的基础上，加拿大经济学家 Dales(1968)进一步提出水污染的管制政策，并提出了"排污权交易"的概念，即政府通过发放一定数量的排放许可，让市场来决定这些许可证在排放主体间的配置价格，这比税收政策更有优势。环境资源的"公共物品"性质和"外部不经济性"，是环境资源配置"市场失灵"和"政策失灵"的主要原因，排污权交易理论的提出进一步为碳排放权交易的研究奠定了经济学的理论基础。

1.3 碳排放权与排放权交易

1.3.1 碳排放权和"京都三机制"

碳排放权是指权利主体为了生存和发展的需要，由自然或者法律所赋予的向大气排放温室气体的权利，这种权利实质上是权利主体获取的一定数量的气候环境资源使用权（杨泽伟，2011）。碳排放权不仅是一种权利，更是一种责任。在没有全球气候变暖的压力下，温室气体的排放处在一种自然权利的状态，每个个体和企业都可以任意排放，就无所谓碳排放权。碳排放权是权利主体获取的一定数量的气候环境资源使用权，这种使用权的对象是大气环境。在这种状态下，气候环境资源不再被认为是无限的，而是一种稀缺的资源，任何国家和地区的发展都有赖于这一资源，因此，碳排放权这种稀缺资源，直接影响国家和地区经济社会的发展，逐渐从一项自然权利转变为发展权利。

20 世纪下半叶，全球气候变暖问题逐渐凸显，如何控制温室气体排放、减缓气候变化，成为人类社会必须直面的重大难题。1997 年签订的《京都议定书》不仅明确了 2008—2012 年第一承诺期各发达国家削减温室气体排放量的比例和任务，还设立了三种灵活机制(flexibility mechanisms)，分别是基于配额的碳排放交易机制(ET)、基于项目的联合履约机制(JI)和清洁发展机制(CDM)（见表1.3）。碳排放交易机制作为三种灵活机制之一，开始进入实践环节，并受到越来越多的发达国家与发展中国家的普遍关注和探索实践（见图 1.5）。

表 1.3　《京都议定书》设立的三种灵活机制

类型	交易机制	交易对象	减排量认证	主要内容
基于配额	碳排放交易机制	附件一缔约方之间	配额（AAU）	总量控制，配额分配，碳排放权交易
基于项目	联合履约机制		减排单位（ERU）	发达国家之间通过项目合作，所实现的温室气体减排抵消额可以转让给另一发达国家
	清洁发展机制	附件一缔约方与发展中国家	核证减排量（CER）	发达国家通过提供资金、技术的方式，与发展中国家开展项目的合作，所实现的减排量可以用于完成议定书中的减排承诺

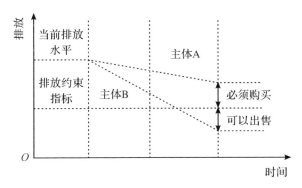

图 1.5　《京都议定书》设立的碳排放交易机制

1.3.2　碳排放权交易的成本有效性

总量控制下的碳排放权交易机制除了能够实现减排目标（即环境有效性）之外，最大的优势在于其还能够实现减排的经济有效性（即成本有效性）。根据魏一鸣等（2010）的分析框架，假设有 N 个碳排放企业（如发电厂、水泥厂等），第 i 个排放源的碳排放量为 $E_i(i=1,2,3,\cdots,N)$，每个排放源的减排成本为 C_i。在碳排放交易市场中，政府设定配额总量为 $\overline{E}$，并将配额分配给 N 个排放源。政府的目标是在实现减排目标的前提下，社会总减排成本最小，即：

$$\min_{E_i} \sum_{i=1}^{N} C_i(E_i) \tag{1.2}$$
$$\text{s.t.} \sum_{i=1}^{N} E_i \leqslant \overline{E}$$

假设厂商的减排成本变化符合一般的经济学分析，即减排成本符合：

$$\frac{\partial^2 C_i}{\partial E_i^2} < 0 \tag{1.3}$$

其拉格朗日极值函数为：

$$L = \sum_{i=1}^{N} C_i(E_i) + \lambda \left(\sum_{i=1}^{N} E_i - \overline{E} \right) \tag{1.4}$$

其中，λ 为拉格朗日乘子。

上述公式表明，成本最小值出现在当边际减排成本等于排放总量变化时的边际价值，即影子价格：

$$\lambda = -\left(\frac{\partial C_i}{\partial E_i} \right) \nabla_i \tag{1.5}$$

此时，所有厂商的边际减排成本都是相等的。

假设碳市场上配额的价格为 P，企业都符合理性经济人假设，因此会追求减排成本和配额购买成本之和最小化。设定减排成本为 $C_i(E_i)$，可能从市场上 $N-1$ 个企业购买配额 E_{bij}，也可能向其他 $N-1$ 个企业出售配额 E_{si}。此时，各企业的排放量小于或者等于其初始配额分配量 E_i^0 + 购买的配额 E_{bij} - 出售的配额 E_{si}。即：

$$\min_{E_i, E_{bij}, E_s} C_i(E_i) + P \left(\sum_{j=1}^{N-1} E_{bij} - E_{si} \right) \tag{1.6}$$

$$\text{s. t. } E_i \leqslant E_i^0 - E_{si} + \sum_{j=1}^{N-1} E_{bij}$$

$$E_i, E_{si}, E_{bij} \geqslant 0$$

该函数的最小化极值条件为：

$$L = C_i(E_i) + P \left(\sum_{j=1}^{N-1} E_{bij} - E_{si} \right) + \gamma \left(E_i - E_i^0 + E_{si} - \sum_{j=1}^{N-1} E_{bij} \right) \tag{1.7}$$

因此，厂商在碳市场的行为和配额价格有关，具体如下。

如果 $-\frac{\partial C_i}{\partial E_i}(E_i^0) < P$，则企业 i 将会出售碳配额；如果 $-\frac{\partial C_i}{\partial E_i}(E_i^0) > P$，则企业会购买碳配额。如果总排放量 $\overline{E}$ 是不设限制的，那么 λ, γ 都将为 0，碳排放权交易市场就不会存在；如果总排放量是固定的，那么 $\lambda > 0, \gamma > 0, P > 0$。任何一个企业都有可能会采取单独的减排、购买配额和出售配额的行为。

假设企业 i 仅通过减排来完成履约，则其减排成本为 γ^2。假设企业 i 既通过减排又通过参与配额买卖来完成履约,则企业的边际减排成本就等于价格 P。每家企业最终都会寻求最低的履约成本,减排成本高的企业会通过购买配额的方式完成履约,减排成本低的企业则会在通过减排实现履约的基础上出售多余配额。企业进行理性选择后,最终所有企业的边际成本都相等,即等于市场碳配额价格 P,同时 $P=\lambda=\gamma$,碳市场达到成本有效性和经济有效性,实现全社会减排成本最低的理想状态。

1.4　碳达峰与碳中和

1.4.1　碳达峰

IPCC 第四次报告将"达峰"描述为"在排放下降之前达到一个最高水平"。《中国与新气候经济》报告则指出,二氧化碳排放达到峰值,其年均增长率为零。碳达峰并不单指在某一年达到最大排放量,而是反映一个过程,即二氧化碳排放首先进入平台期并可能在一定范围内波动,然后进入平稳下降阶段(见图 1.6)。因此,碳达峰是二氧化碳排放由增转降的历史拐点,标志着碳排放与经济发展脱钩。

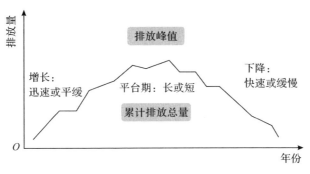

图 1.6　二氧化碳达峰过程

世界资源研究所(WRI)的统计数据显示,截至 2020 年,全球已有 54 个国家实现碳达峰,碳排放量步入下降通道,约占全球碳排放总量的 40%,其中大部分为发达国家(见图 1.7)。其中有一些国家是因为经济衰退或转型升级实现碳达峰,也有一些是因为制定严格气候政策和经济发展实现碳达峰。从它们的发展经验来看,各国在实现碳达峰的过程中,呈现出一些共性的表现:①国家由规模扩张进入内涵提升的发展阶段,经济总量达到较高水平,经济增长速度下降,人口规模增速放缓,人均 GDP 达到较发达水平,经济社会发展和碳排放增长"脱钩";②产业发展进入工业化后期或后工业发展阶段,高附加值新兴产业和服务业逐步在产业结构中占据主导地位,碳排放强度降低;③新增能源需求主要依靠清洁能源满足,天然气、核电、可再生能源等清洁低碳能源占比增加;④能源消费结构出现根本性变化,工业能源消费率先达峰,建筑、交通运输等能源消费增速放缓。

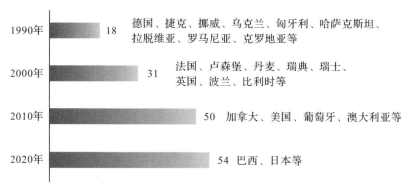

图 1.7   截至 2020 年全球已实现碳达峰的国家数量

我国作为世界上最大的发展中国家,目前碳排放量增速虽然放缓,但是仍呈增长趋势,尚未达峰。随着二氧化碳排放、温室气体猛增对生命系统形成的威胁不断升级,采取行动应对气候变化势在必行。在这一背景下,国家主席习近平在第七十五届联合国大会一般性辩论上发表了重要讲话,宣布我国二氧化碳排放力争于 2030 年前达到峰值。因此,"十四五"是实现碳达峰的关键期,也是推进碳中的起步期。

1.4.2   碳中和

实现"中和"(neutrality)或"净零排放"(net-zero emission)意味着社会活动所产生的温室气体排放量与其所吸收的汇相等,从而达到一种相对平衡的状态。邓旭等(2021)对 85 个国家关于中和目标承诺的相关资料进行整理研究,发现从现有的中和目标和战略文件来看,当前广泛使用的文件与中和相关的目标表述存在不一致性,主要包括四种:气候中和(climate neutrality)、碳中和(carbon neutrality)、净零碳排放(net-zero carbon emission)和净零排放。总的来说,这些不同的目标表述主要可以概括成狭义和广义两类,狭义的仅指二氧化碳的净零排放,广义的可以指所有温室气体(包含二氧化碳、甲烷、氧化亚氮、氢氟碳化物、全氟碳化物、六氟化硫等)的净零排放。鉴于当前温室气体的主要成分为二氧化碳,各国提出的中和或净零排放目标往往重点落脚在对二氧化碳排放的控制。

在 IPCC 发布的一份特别报告中,碳中和与净零碳排放的概念一致,均指人类活动造成的二氧化碳排放量与全球人为二氧化碳吸收量在一定时期内达到平衡(IPCC,2018)。为了在一定的时间内实现碳中和目标,国家、企业、社会团体或个人可以通过植树造林、节能减排、增加清洁能源使用等方式降低并抵消自身的二氧化碳排放量,从而实现正负抵消,达到相对的"零排放"。事实上,二氧化碳的绝对零排放是不现实的。即便电力行业充分利用可再生能源发展,如水泥生产等行业由于其本身的特性也很难实现真正意义上的二氧化碳零排放。因此,为了实现碳中和,必须借助相应技术手段进行二氧化碳封存和抵消二氧化碳排放。常见的手段包括三类:①生态固碳,即通过土壤、森林、海洋等天然碳汇吸收和储存空气中的二氧化碳,通常指植树造林等生态建设活动;②技术固碳,主要指碳捕集、利用与封存技术(CCUS),即对生产过程中排放的二氧化碳进行提纯,继而投入到新的生产过程中,实现二氧化碳的循环再利用,通过将二氧化碳资源化,产生相应经济效益。③技术抵消,指通过投资开发可再生能源和低碳清洁技术,减少一个行业的二氧化碳排放量,从而抵消另一个行业的排放量(抵消量的计算单位是二氧化碳当量吨数)。

当前,不丹和苏里南已实现碳中和,同时,已有 29 个国家和地区通过颁布政策或立法的方式做出了碳中和承诺。截至 2021 年末,占全球排放量 65% 以上、占全球经济总量 70% 以上的国家已经做出了碳中和承诺。其中,绝大部分发达国家都已经承诺在 2050 年之前达到碳中和(见图 1.8)。在碳中和的大背景下,我国力争于 2030 年前达到峰值,2060 年前实现碳中和宏伟目标。

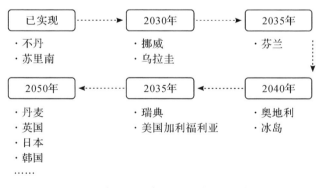

图 1.8　全球主要国家(地区)碳中和目标时间

第 2 章　碳交易市场与碳交易价格分析

碳排放交易机制作为《京都议定书》规定的实现全球减排目标的三种灵活机制之一，在传导国家节能减排政策方面发挥着重要作用。碳交易被认为是应对气候变化最主要的政策工具，也是推动实现我国碳达峰、碳中和目标的重要政策工具。

2.1　欧盟碳交易市场主要特征

欧盟碳排放交易体系(EU ETS)作为全球第一个参与国家(地区)较多的区域性碳排放权交易市场，覆盖约 45％的欧盟温室气体排放量，在 2017 年底之前占全球约 80％的交易额，是当时全球最大的碳交易市场。据欧盟委员会官方统计，2015 年包括现货及衍生品在内，欧盟碳配额累计共交易 66 亿吨、4.9 亿欧元，日均交易量达到 2600 万吨。

2.1.1　历史演变

2000 年，欧盟委员会发布《欧盟内部温室气体排放权交易绿皮书》，探讨如何在欧盟各成员国之间交易温室气体排放量，以实现《京都议定书》中承诺的"在 1990 年基础上削减 8％"的目标。2003 年，欧盟颁布并实施《排放贸易指令》，正式以法律的形式确定了碳排放交易体系，由中央管理机构决定所有成员国在未来一段时期内总的碳排放量，并依据规则分配成员国的基础碳排放权资产。2003 年 10 月，欧盟议会和理事会通过了欧盟 2003 年第 87 号指令(Directive 2003/87/EC)，决定建立欧盟排放贸易机制，并于 2005 年 1 月 1 日起正式实施。欧盟碳排放交易体系是全球迄今为止最为成熟的碳交易体系，先后经历了三个主要的发展阶段，目前已进入第四个发展阶段。

(1)EU ETS 第一阶段：试验与学习(2005—2007 年)

EU ETS 第一阶段建立了包括最初 25 个成员国[①]在内的碳交易市场，逐步积累碳交易经验，完善碳交易制度。第一阶段的配额总量设定基于《京都议定书》所承诺的目标，各成员国根据欧盟排放交易指令中确定的标准和原则，制定自己的国家分配方案(national allocation plan，NAP)[②]，经欧盟委员会核准，欧盟碳排放的总量等于各个成员国决定的总量目标之和，这是一种自下而上的总量设定模式。由于缺乏历史排放数据等因素，第一阶段各成员国排放总量设定过于宽松，欧盟最终批准的 NAP 总量目标是 22.98 亿吨碳排放配额(见表 2.1)，覆盖了欧盟 27 个成员国的约 11500 家公司，其二氧化碳排放量占欧盟总排放量的 40％以上。

表 2.1　EU ETS 第一阶段总量目标

成员国	欧盟各国的 NAP 计划上限(亿吨碳排放配额/年)	欧盟批准的 NAP 上限(亿吨碳排放配额/年)
最初欧盟 25 国	22.79	21.81
保加利亚	—	0.42
罗马尼亚	—	0.75
最终的欧盟 27 国	—	22.98

(资料来源：欧盟委员会，2005)

(2)EU ETS 第二阶段：正式运行(2008—2012 年)

2006 年 11 月，欧盟委员会将 EU ETS 第二阶段国家分配计划纳入议程。第二阶段成员国增加至 30 个，参与企业的范围不断扩大，增加了航空业和硝酸制造业。该阶段的主要减排目标是在 1990 年的基础上减排 8％。同时，该阶段免费发放的配额比例不得低于排放总量的 90％。该阶段的碳排放权的分配方案仍由各成员国制定并提交欧盟议会批准。欧盟委员会在此阶段将整个欧盟的碳排放总量目标设定为 20.83 亿吨二氧化碳当量，比 2005 年实际碳排放量减少 6％，加入欧盟碳排放交易体系的部门排放总量占欧盟碳排放总量的 45％(见表 2.2)。

[①]2003 年正式确立 EU ETS 时是最初的欧盟 15 国，2004 年东欧 10 国加入欧盟，所以第一阶段是欧盟 25 国(EU-25)。2007 年，罗马尼亚和保加利亚加入欧盟碳排放交易体系，因此，第一阶段最终有 27 个成员国。

[②]欧盟碳交易法律框架规定了各国 NAP 制定的基本原则，如 NAP 要与各国减排承诺目标相一致，并且要能够反映各国减排的进步、预期等内容；在向本国管制对象进行配额分配时，应进行详细的核实。

表 2.2　EU ETS 第二阶段总量目标

成员国	各国的 NAP 计划上限 (亿吨碳排放配额/年)	欧盟批准的 NAP 上限 (亿吨碳排放配额/年)
欧盟 27 国	23.25	20.83
挪威	—	0.15
冰岛	—	—
列支敦士登	—	—
EUETS 30 国家		20.98

(资料来源：欧盟委员会,2008)

(3)EU ETS 第三阶段：推广发展(2013—2020 年)

EU ETS 第三阶段覆盖了更多的部门和温室气体种类,包括石油化工、氨化工和制铝等行业所排放的二氧化碳,生产硝酸、己二酸和乙醛酸排放的氧化亚氮。在总量设定方式上,由于第一、二阶段存在严重的过度分配问题,因此从第三阶段开始,欧盟采用自上而下的集中决策模式,由欧盟委员会统一限定配额总量,设定总体目标,配额以每年 1.74％的速度下降,2020 年温室气体排放要比 1990 年至少低 20％,比 2005 年减排 21％。第三阶段排放配额的分配方式将以拍卖为主,对电力生产行业的既有设施配额将实行 100％拍卖,针对具有碳泄漏风险敞口的行业,将给予适度的免费发放。

2.1.2　分配方法和分配范围

(1)分配方法

欧盟各成员国采取的碳排放权初始配额分配方法,从免费分配为主逐渐过渡到拍卖分配。欧盟在 EU ETS 第一阶段主要采取祖父法(又称历史法),依据历史排放量进行免费分配。第二阶段主要采用基准法,依据一定绩效标准进行分配。第三阶段采用拍卖法,逐步提高拍卖配额比例,管理机构规定一定的拍卖方式,厂商通过竞价的方式来获取碳排放权配额(简称碳配额)。而对于新加入者,欧盟分配配额的方法均采用基准法,一般以目前行业领先程度在总体中占到前 10％的梯队为标准。欧盟的三个阶段分别侧重实施三种不同的分配方法,体现了三种方法不同的适用环境和特点。

对于拍卖法,第一阶段成员国中,只有丹麦、匈牙利、立陶宛、爱尔兰这四个国家将小部分配额以拍卖的形式进行发放(见表 2.3)。在第二、三阶段,欧盟要求各成员国逐步提高配额的拍卖比例,第三阶段拍卖的比例不得低于50%,计划到2020年将70%的配额进行拍卖,到2027年实现所有配额的拍卖分配。从第三阶段开始,基准法也被更多的成员国采用,尤其是对于新加入交易计划的设备或企业。

表 2.3　EU ETS 第一、二阶段部分成员国配额拍卖比例

成员国	第一阶段(2005—2007 年)	第二阶段(2008—2012 年)
丹麦	5.0%	5.0%
匈牙利	2.5%	4.3%
立陶宛	1.5%	2.7%
爱尔兰	0.75%	0.5%
奥地利	0	1.22%
比利时	0	0.5%
德国	0	8.8%
荷兰	0	4.0%
英国	0	7.0%
意大利	0	5.7%
卢森堡	0	5.0%
波兰	0	1.0%
欧盟总计	0.13%(300 万吨)	3.0%(750 万吨)

(2)分配范围

EU ETS 三个阶段逐步扩大行业部门覆盖范围:第一阶段仅有能源、冶炼、钢铁、水泥、陶瓷、玻璃与造纸等重要的行业部门;第二阶段增加了航空业和硝酸制造业;第三阶段进一步扩大和优化了覆盖范围,新增了石油化工、碳捕集、制铝工业、其他有色金属生产、石棉生产、合成氨、硝酸和己二酸生产等行业。纳入行业二氧化碳排放量占欧盟二氧化碳排放总量由第一阶段的 42.6% 上升到第三阶段的 60% 左右。有学者对 EU ETS 第一阶段碳交易进行研究后认为,纳入交易和非交易部门的比例失衡是过度配额的原因之一,在 2005 年以前,欧盟能够纳入碳交易的部门排放量占所有排放量的比重为 41%~43%,在 EU ETS 第一阶段,纳入碳交易的行业配额占比 44%,超过了这一比例,因此造成交易配额过度(Clo,2010)。欧盟在第一、二阶段由成员国自行制定 NAP 时,为照顾本国行业利益,划分给覆盖行业的减排责任反而比未覆盖行业更低。这种划分不仅有失公平,而且在经济上缺乏效率,因为一般而言未覆盖行业减排成本相比覆盖行业要高。但

是,交易成本却和纳入交易的部门(行业)数量直接相关,因此,要实现全社会成本最低,就需要合理设定纳入交易的部门(行业)和企业。

2.1.3　欧盟成员国的配额分配

各成员国的配额分配经历了从分散化决策到集中决策的转变过程(见表 2.4)。各成员国根据自己实际排放的温室气体量来确定国家总量,成员国拥有对温室气体排放总量的设定权,再由欧盟委员会行使审核权。到 EU ETS 第三阶段,成员国不再拥有自主设定配额总量的权利,配额由欧盟委员会统一确定分配。模式的转变一定程度上是由于欧盟委员会对 NAP 的拒绝权和成员国制定 NAP 的自主权之间存在矛盾,各成员国从自身利益出发,本能地尽量扩大配额总量,从而造成碳价低迷和整体碳市场无效率,而欧盟委员会对各成员国提交的 NAP 进行核定和削减,又受到各成员国的强烈反对,波兰、斯洛伐克、匈牙利、捷克等国甚至就 NAP 向欧盟法院提起诉讼(陈惠珍,2013)。

表 2.4　EU ETS 成员国的配额分配

国家	受管制设备数量	减排目标与 1990 年相比/%	2005—2007 年年均分配配额/百万吨	2005 年实际碳排放量/百万吨	2005 年分配配额与实际排放量之差/百万吨	2008—2012 年年均分配配额/百万吨
卢森堡	19	−28	3.4	2.6	0.8	2.5
希腊	141	−25	74.4	71.3	3.1	69.1
德国	1849	−21	499	474	25	453.1
丹麦	378	−21	33.5	26.5	7	24.5
西班牙	819	−15	174.4	182.9	−8.5	152.3
奥地利	205	−13	33	33.4	−0.4	30.7
英国	1078	−12.5	245.3	242.4	2.9	246.2
立陶宛	93	−8	12.3	6.6	5.7	8.8
拉脱维亚	95	−8	4.6	2.9	1.7	3.43
爱沙尼亚	43	−8	19	12.6	6.4	12.7
捷克	435	−8	97.6	82.5	15.1	86.8
斯洛伐克	209	−8	30.5	25.2	5.3	30.9
斯洛文尼亚	98	−8	8.8	8.7	0.1	8.3

续表

国家	受管制设备数量	减排目标与1990年相比/%	2005—2007年年均分配配额/百万吨	2005年实际碳排放量/百万吨	2005年分配配额与实际排放量之差/百万吨	2008—2012年年均分配配额/百万吨
比利时	365	−7.5	62.1	55.58	6.52	58.5
意大利	1240	−6.5	223.1	225.5	−2.4	195.8
匈牙利	261	−6	31.3	26	5.3	26.9
荷兰	333	−6	95.3	80.35	14.95	85.8
波兰	1166	−6	239.1	203.1	36.0	208.5
芬兰	535	0	45.5	33.1	12.4	37.6
法国	1172	0	156.5	131.3	25.2	132.8
瑞典	499	4	22.9	19.3	3.6	22.8
爱尔兰	143	13	22.3	22.4	−0.1	22.3
葡萄牙	239	27	38.9	36.4	2.5	34.8
保加利亚	—	20	42.3	40.6	1.7	42.3
马耳他	2	未受限	2.9	1.98	0.92	2.1
塞普洛斯	13	未受限	5.7	5.1	0.6	5.48
罗马尼亚	—	—	74.8	70.8	4.0	75.9
合计	—	—	2298.5	2123.11	171.39	2080.91

因此,欧盟委员会在 2010 年先后颁布了 2010/384/EU 和 2010/634/EU 指令。根据规定,EU ETS 第三阶段采取的方式是确定 2013 年初始配额总量,基于成员国 2008—2012 年的平均排放水平,并考虑对第三阶段之后新增加的覆盖部门,以线性递减趋势签发配额总量,年度减排系数为 1.74%。欧盟 2009/29/EC 指令规定了成员国之间总量分配方案:成员国基本份额为配额总量的 88%,成员国的基期数值将以 2005 年核证排放量和 2005—2007 年平均排放量中的较大值作为参照;将配额总量的 10% 追加给经济相对欠发达的东南欧成员国,以帮助它们进行产业升级;另外 2% 的份额用于波罗的海九个成员国,以奖励它们关闭早期俄式核电站并超额完成《京都议定书》的减排义务的早期行动。

2.1.4 分配总量和稳定机制

EU ETS 第一、二阶段采取自下而上分散式设定配额分配总量，造成配额分配过度宽松，使碳市场几乎处于无效状态。欧盟根据《京都议定书》的减排目标，分阶段设定总量目标并不断调整，但在发展的过程中，过度分配以及由过度分配导致的配额价格持续低迷、市场效率缺失等问题一直困扰着欧盟碳市场，因此，欧盟在第三阶段调整配额总量设定方式为自上而下集中决策式，统一分配，严格控制配额总量，并采取延迟拍卖等政策进行动态调整，将第三阶段早期 9 亿吨配额的拍卖计划推迟至第三阶段后期进行，以减少市场上配额总量。根据欧洲议会环境委员会的决议，从 2021 年起，碳配额发放的上限将从逐年减少 1.74％上升至逐年减少 2.2％，并于 2024 年再次增加该指标，以达到 EU ETS 在 2030 年的排放量比 2005 年减少 43％的目标。欧盟对配额总量设置方式的调整，实际上是在努力强化对配额总量的控制。欧盟第三阶段签发的配额总量明确而固定，2013 年为 2039 百万吨，随后每年减少 37.4 百万吨。虽然这是一个严格的配额总量，但是受金融危机和欧债危机的影响，实际排放量仍然存在低于预期的风险，配额总量不会根据实际排放而进行调整，本属严格的配额总量也不再严格，过度分配还可能长期存在。

配额的需求与宏观经济环境有很大的相关性，因此，经济发展的不确定性很大程度上会影响碳市场的稳定性。为有效解决碳市场的不确定性，欧盟不断加强市场稳定储备（MSR），并决定在 2019—2023 年，将 MSR 从市场中撤回配额的比例由 12％提高到 24％，使市场配额呈现稀缺状态，以提高配额价格。从 2030 年起，MSR 的配额规模将被限制在上一年度所拍卖的配额总量之内，超出上限部分将被永久取消。从欧盟配额价格变化来看，2017 年碳交易市场价格开始回升，2018 年 8 月接近 20 欧元/吨，是上年同期碳价的 3 倍，创造了 10 年来的最高水平。欧盟碳市场价格的走向除了受配额总量设置的影响之外，也与碳市场稳定机制有效地减少了市场上碳配额的供给密切相关。

2.1.5 灵活机制

碳交易政策的核心是解除温室气体减排的空间限制，可以通过交易，在不同空间达到减排的目的。关于时间限制的问题，则可以通过设置存储和借贷机制来解决（朱利恩，2016）。碳交易本身实现了政策的空间灵活性（where flexibility），而存储和借贷排放权配额实现了碳交易政策的时间灵活性（when flexibility）。碳交易市场在实践中往往是分期的，这是为了定期落实排放主体的减排目标，每一期末排放主体需要对本期内分配配额进行履约。在一个跨期的碳排放交易体系中，当期剩余的配额转移到未来去使用即为配额的存储(banking),反之,未来的配额提前到当期来使用就是借贷(borrowing)。存储和借贷机制的设计初衷是使企业可以通过判断特定时期内实际的和预期的减排成本,将减排责任以成本最有效的方式在各履约期之间进行转移,从而很好地应对减碳成本的不确定性、碳排放的不确定性和其他随机因素带来的配额价格风险。

欧盟在第一阶段(2005—2007 年)不允许跨期储存,企业通过减排努力得到的盈余配额在履约期后将没有任何价值,这导致第一阶段的碳市场价格在履约期末跌到零附近。因此,欧盟自第二阶段开始,允许跨期储存,但对于跨期借贷,欧盟在三个阶段都没有实行。跨期借贷可以有效防止碳市场价格的暴涨,避免企业为了短期履约支付高昂的成本。但跨期借贷的实施会引发企业当期减排努力不足或者低碳投资力度不够等风险,因此,目前大部分碳交易体系都不设置这一碳价稳定机制。

抵消机制(offset)也是一种市场灵活机制,该机制允许碳市场履约主体在履约时使用一定量的减排信用抵消企业一定比例的碳排放。这是碳市场的补充机制,能对配额管理起到调控作用,同时激励更多的企业参与碳交易,增强市场活力。EU ETS 规定履约企业可以利用从 CDM 与 JI 中获得的 CER 和 ERU 来抵消其排放量,欧盟对各成员国使用 CDM 与 JI 的比例进行了限定,第三阶段不得超过减排量的 50%,同时,EU ETS 对 CER 和 ERU 的来源也做了严格规定(禁止核电、水电及土地林业),第三阶段只认可最不发达国家的 CER 和 ERU。

2.2　我国碳交易市场的发展历程

2.2.1　我国碳交易市场的产生与发展

2011 年 10 月底,国家发改委发布《关于开展碳排放权交易试点工作的通知》,批准北京、上海、广东、深圳、天津、重庆、湖北实行碳排放权交易试点,正式拉开了我国碳排放交易市场建设的序幕。2013 年 6 月 18 日,深圳市碳排放权交易市场正式启动,成为国内首个试点碳市场。同年,上海、北京、广东和天津碳排放权交易市场(碳市场)先后启动。2014 年,湖北和重庆碳排放权交易市场也正式启动,至此,全国七个省市试点碳市场在一年之内全部上市交易,如表 2.5 所示。作为我国碳市场的先行者,七个试点均取得了一定的减排效果,在一定程度上为全国统一碳市场建设积累了宝贵经验。

表 2.5 试点碳交易覆盖范围及启动时间

试点	覆盖行业	企业门槛	纳入企业数/家	启动交易时间
深圳	工业、建筑业	工业：年排放 3000 吨以上 公共建筑：20000 平方米以上 机关建筑：10000 平方米以上	工业 635 建筑 197	2013—06—18
上海	工业行业：电力、钢铁、石化、化工、有色、建材、纺织、造纸、橡胶和化纤 非工业行业：航空、机场、港口、商场、宾馆、商务办公建筑和铁路站点	工业：年排放 2 万吨以上 非工业：年排放 1 万吨以上	191	2013—11—26
北京	电力、热力、水泥、石化、其他工业和服务业	年排放 1 万吨以上	490	2013—11—28
广东	电力、水泥、钢铁、石化	年排放 2 万吨以上	242	2013—12—19
天津	电力、热力、钢铁、化工、石化、油气开采	年排放 2 万吨以上	114	2013—12—26
湖北	建材、化工、电力、冶金、食品饮料、石油、汽车及其他设备制造、化纤、医药、造纸等	2010 年和 2011 年任何一年综合能耗在 6 万吨及以上	153	2014—04—02
重庆	冶金、电力、化工、建材、机械、轻工	年碳排放超过 2 万吨或年消耗超过 1 万吨	254	2014—06—19

　　继北京、上海、天津、重庆、湖北、广东、深圳七个碳排放权交易试点稳定运行之后，2016 年 12 月 16 日，四川碳市场启动暨全国碳市场能力建设（成都）中心成立。四川建立了全国第八个，也是非试点地区的第一个碳市场，标志着碳市场从试点省市向全国的推广。全国碳市场能力建设（成都）中心揭牌，更是为 2017 年全国碳市场的建立和布局形成了有效补充。在此之前，2016 年 8 月，中共中央办公厅、国务院办公厅印发《国家生态文明试验区（福建）实施方案》，明确支持福建开展碳排放权交易工作，尽快出台碳排放权交易配套政策。同年 7 月 29 日，经国家发改委批准，温室气体自愿减排交易机构落户于海峡股权交易

中心,这标志着福建开始参与全国碳排放权交易市场,12 月 22 日,福建碳排放权交易开市,成为继全国七个碳排放权交易试点和四川联合环境交易所之后,全国第九个碳排放权交易市场。

2017 年 12 月 18 日,国家发改委印发《全国碳排放权交易市场建设方案(发电行业)》(简称《方案》),明确以发电行业(含热电联产)为突破口,率先启动全国碳排放交易体系,分阶段、有步骤地推进碳市场建设。《方案》指出,自 2011 年以来开展区域碳交易试点的地区,将符合条件的重点排放单位逐步纳入全国碳市场,实行统一管理。区域碳交易试点地区继续发挥现有作用,在条件成熟后逐步向全国碳市场过渡。《方案》的印发标志着中国全国碳排放交易体系完成了初步的总体设计,并正式启动建设。2020 年《全国碳排放权交易管理办法(试行)》(征求意见稿)和《全国碳排放权登记交易结算管理办法(试行)》(征求意见稿),以及 2021 年《碳排放权登记管理规则(试行)》《碳排放权交易管理规则(试行)》和《碳排放权结算管理规则(试行)》相继出台,全国统一碳排放权交易市场建设提速。

更具历史意义的是,2021 年 7 月 16 日,全国碳排放权交易市场上线交易正式启动,地方试点市场与全国碳市场并存。全国碳排放权交易市场的交易中心位于上海,碳排放权注册登记系统设在武汉,两者共同承担全国碳交易体系的支柱作用。发电行业成为首个纳入全国碳市场的行业,正式纳入的发电行业重点排放单位(含自备电厂)共计 2162 家,年覆盖排放量约 45 亿吨二氧化碳,我国碳市场成为全球规模最大的碳市场。截至 2021 年 12 月 31 日,碳排放配额累计成交量 1.79 亿吨,累计成交额 76.61 亿元,成交均价 42.85 元/吨,履约完成率 99.5％(按履约量计),全国碳市场第一个履约周期顺利收官。全国碳市场成为推动实现我国"双碳"目标的重要政策工具。

2.2.2　碳交易试点市场的建设和运行

从试点碳市场的建设情况来看,尽管各地碳交易体系建设的整体思路基本一致,但由于各地经济条件、产业结构等存在差异,因此各地的碳交易管理办法和配额分配方案等都或多或少存在差异,在法律基础、覆盖范围、配额分配、抵消机制、履约和处罚机制、MRV(测量、报告、核查)体系这些政策基本要素的设计上,都具有地区特点(见表2.6)。2018 年七个试点中,有两个通过了人大立法(深圳)或者人大决定(北京),其余五个则发布了政府令。这些试点通过不断加强法律基础建设,保障碳市场的有效运行。在试点初期,各试点均以基于历史法的免费分配为主,部分试点尝试了拍卖法和基准法。

表 2.6   中国碳排放权交易试点建设情况

基本要素	试点建设现状
法律基础	七个试点中，两个通过了人大立法或决定，五个发布了政府令
覆盖范围	每个试点纳入行业和企业标准不同，共纳入企业 2000 多家
配额分配	历史法为主，部分试点尝试拍卖法和基准法
抵消机制	所有试点均接受国家自愿减排交易机制作为抵消机制，但均设定了一些限制
履约和处罚机制	所有试点的履约流程和实践设计类似，处罚则稍有差异
MRV 体系	所有试点 MRV 体系设计基本一致，具体标准和执行细节有差异

从试点碳市场的交易情况来看，七个试点的碳配额交易总量达到 232.839 百万吨，达成碳交易总额约 569485.4 亿元，成交均价为 24.5 元/吨（截至 2021 年 6 月 4 日）。其中，湖北的交易规模最大，尽管纳入企业数量不多，但企业参与度高，因此碳市场流动性和活跃度都较高，其成交量和成交额均居首位，碳交易均价不高，但比较稳定，一直在 20 元/吨上下波动；北京的碳配额交易均价是最高的，达到 62 元/吨，超过排名第二的上海（29.8 元/吨）的两倍，而且北京的碳交易均价也相对稳定，大部分时间保持在 50 元/吨以上；天津和重庆的试点碳市场启动最晚，交易规模相对较小，重庆累计碳交易量最低，仅 80.69 百万吨，交易均价也最低，仅 6.1 元/吨（见图 2.1）。

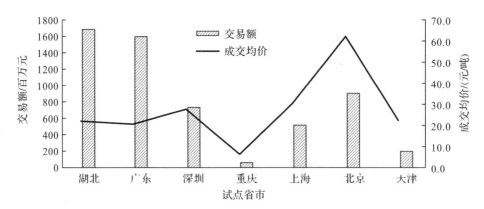

图 2.1   试点碳市场交易情况（2013 年 6 月—2021 年 6 月）

数据来源：中国碳交易网（http://www.tanjiaoyi.com）

2.3　我国碳交易试点市场的配额分配

2.3.1　以历史法为主的分配方法

我国七个碳交易试点的配额分配方法各有特点,但大多数配额采取历史法、基准法等免费分配的方式,仅对极少数调整配额实行竞价方式出售。这在碳交易政策实施的初期尤其必要,因为该分配方法可以有效降低政策推行的阻力,鼓励企业积极参加碳交易,但这对先期减排企业会不公平,会挫伤企业投入节能减排的积极性。2017 年,仍然有很多试点地区采用历史法分配配额,虽然在北京、上海和天津的配额分配方案中,对企业的先期减排给予奖励,但奖励的标准并未公开,而其他试点使用历史法时并未考虑企业先期减排的努力。

北京、上海、广东等碳交易试点 2017 年碳配额分配方案使用了历史强度法。上海对工业企业的配额分配方法为根据企业各类产品的历史碳排放强度基数和年度产品产量确定企业年度基础配额。计算公式:企业年度基础配额 = $\sum$(历史强度基数$_n$×年度产品产量$_n$),n 为产品类别,历史强度基数一般取企业各类产品 2014—2016 年碳排放强度(单位:产量碳排放)的加权平均值。从计算公式我们可以看出,这是一种改良的历史法,它是根据配额分配年的实际生产情况来确定配额的,可以有效避免因经济波动带来产量变化而引发的配额严重过剩(或严重紧缺)问题,因此科学性更强。

免费分配中,基准法的优点在于可以有效地激励企业提升减排技术和管理水平。虽然除重庆外其他六个试点都在发电等特定行业或者新增设施上尝试使用基准法,但是基准法的应用范围和科学性都有待提高。目前基准值没有按照一个产品一个基准设定,要么过粗,一个行业一个基准;要么过细,一个产品多个基准。例如,2017 年广东对水泥熟料也按生产线规模设定了四种基准值,一定程度上变相保护了落后产能和技术。深圳则采用行业增加值排放基准,但不同的行业有不同的工业增加值结构,而重复博弈方法会因为行业分组问题导致企业分类错置,从而引发企业对配额分配的抵制(熊灵等,2016)。

随着碳市场的发展,增加配额拍卖比例是未来的发展趋势。在试点市场中,虽然大多为拍卖留出了政策空间,但目前真正实施拍卖的只有广东、湖北和深圳。广东是我国首个尝试有偿拍卖方式的试点,2017 年广东明确规定发电企业的免费配额比例为 95％,钢铁、石化、水泥、造纸和航空企业的免费配额比例为 97％。实行有偿配额方式的初衷是体现配额的稀缺性，提高市场配置效率，减少碳排放。尽管广东已经不再强制企业只有先购买有偿配额才能获得免费配额，但"一刀切"的有偿发放做法模糊了行业的特殊性以及企业实际在控制碳排放上所做的努力和配额需求，直接影响了二级市场的活跃度和碳价格的合理形成（范英等，2016）。因此，有偿分配法能真正体现"污染者付费"原则，但在配额分配方法的选择过程中，要循序渐进，顺势而为。

2.3.2　配额总量和行业覆盖范围

我国试点省市虽然对总量设定的方法并不完全相同，但是基本是结合各地能源消费总量目标、碳排放强度减排目标、GDP 增速这三个方面的参数而设定。GDP 增速的不确定性会导致配额总量的不确定性。因此，"自上而下"的配额总量的确定具有较高的不确定性。上海、广东、湖北等在 2017 年度分配方案中明确了配额总量。绝对的配额分配总量是保证减排的前提，但从欧盟的经验看，其不一定能保证碳市场的有效性，因为容易造成过度分配。2014 年湖北的配置总量包含政府预留配额 2590 万吨，占总配额的 8%，这就造成配额过于宽松，碳市场活跃度不高，多数企业配额充足的情况。

七个试点中，只有重庆实行企业自主申报，政府部门核准的方式确定配额总量，这种"自下而上"的方式与欧盟第一、二阶段模式类似。这种方式基于企业的历史排放量，但存在较大的道德风险，容易造成企业多报配额而降低市场上配额的稀缺性，这也导致重庆碳市场在建设初期很长一段时间几乎没有任何配额交易，整个碳市场活跃度非常低，平均碳交易价格也是试点中最低的。

我国试点省市中，北京、上海等覆盖行业和企业都有不同程度的调整。2015年北京对《北京市碳排放权交易管理办法（试行）》中的重点排放单位范围予以调整，增加交通运输企业的固定和移动设施，重点排放单位由固定设施年排放 1 万吨二氧化碳当量调整为固定设施和移动设施年二氧化碳直接排放与间接排放总量 0.5 万吨（含）以上，进一步扩大行业和企业覆盖范围。2018 年 1 月，北京增加年综合能源消费总量 0.2 万吨标煤（含）以上企业为排放报告单位，为进一步扩大企业覆盖范围做准备。广东由试点初期的发电、水泥、钢铁、石化四个行业企业，扩大到 2017 年发电、水泥、钢铁、石化、造纸和民航六个行业企业。深圳从试点之初覆盖发电、水务、燃气、制造业等 636 家企业，进一步扩大到公共交通、机场、码头等 794 家企业。渐进式的碳交易行业和企业覆盖范围可以有效降低交易成本，提高碳市场效率。

2.3.3　市场稳定机制和灵活机制

我国的试点中,很多都设有储备配额(调整配额、预留配额)或设置适当的控制基线,市场上一旦出现过多配额,予以收回;当年度政府预留的配额出现剩余时,在当年予以注销,并在下年度配额总量设定中做出相应额度削减。2017 年湖北的配额发放经验值得推广,即严格控制企业既有设施配额,比如对采用历史法的企业,先按企业历史排放基数的一半预分配配额,再根据企业实际生产情况核定年度配额,预分配配额多退少补,保证了碳市场配额的稀缺性。另外,广东、天津等试点对配额调整都有非常明确的规定,设置适当的调整比例。广东规定,对于按照历史法分配的企业,若生产改变造成 2017 年度配额盈余或者缺口超过一定比例(配额调节比例)的,对超出部分配额予以收回或者补发。天津不断严格控制配额调整,2017 年,天津原则上不接受配额调整,仅对符合条件的钢铁、化工、油气开采行业企业开放申请配额调整,以保证碳市场配额的稀缺性。

我国七个试点均设计了抵消机制,2017 年各试点允许的抵消比例为 1％～10％(见表 2.7)。除了抵消比例外,各试点市场对抵消项目都做了具体的规定,比如:北京规定本辖区内项目必须达到 50％以上并且本辖区固定设施化石燃料燃烧、工业生产过程和制造业协同废弃物处理以及电力消耗所产生的核证自愿减排量不得被抵消;广东规定 70％以上须是本辖区抵消配额,且二氧化碳和甲烷合占项目温室气体减排量的 50％以上;而湖北是唯一一个必须全部使用产生于本辖内减排量的试点,以此鼓励本地清洁项目的发展。

我国七个试点都设计了市场灵活机制,允许纳入企业当年未注销的配额储存至下一年度继续使用,但不允许跨期借贷。这是在我国经济"新常态"背景下合理的制度设计。

表 2.7　我国碳交易试点市场配额分配方法（2017 年）

省市	配额总量	配额结构	分配方式	抵消机制	新增设施配额	储存和借贷	先期减排激励
北京	方案中未明确	既有设施配额 新增设施配额 调整配额	历史排放总量法，历史排放强度法、基准线法免费分配	不得超过当年配额的 5%，本辖区内项目必须达到 50% 以上且本辖区固定设施化石燃料燃烧，工业生产过程和制造业协同处理以及电力同废弃物产生的核证自愿减排量不得抵消	免费分配	允许/不允许	有
上海	1.56 亿吨	直接发放配额 储备配额	基准线法、历史排放法免费分配 部分储备配额进行有偿分配	不得超过企业年度基础配额的 1%，要求所有水电类项目目其所有核证减排量产生于 2013 年 1 月 1 日后	免费分配	允许/不允许	有
广东	4.22 亿吨	控排企业配额（含新建项目配额和市场调节配额）储备配额	基准线法和历史排放法，历史强度下降一定比例配额竞价方式有偿发放	不超过上年度碳排放量的 10%，且 70% 以上是本省碳配额，且二氧化碳和甲烷占本省温室气体减排量的 50% 以上	初次购有偿配额、转控排企业管理后，免费发放	允许/不允许	无
天津	方案中未明确	既有设施配额 新增设施配额 调整配额	配额分配以免费发放为主，以拍卖或固定价格出售等有偿发放为辅	不得超过当年实际碳排放量的 10%。	免费分配	允许/不允许	无
重庆	1.00 亿吨	基准配额 调整配额	企业自主申报，免费分配	不得超过审定排放量的 8%，减排项目应当产生于 2010 年 12 月 31 日后投入运行（碳汇项目不受此限）	免费分配	允许/不允许	有

续表

省市	配额总量	配额结构	分配方式	新增设施配额	抵消机制	储存和借贷	先期减排激励
湖北	2.57亿吨	初始分配配额 政府预留配额 新增预留配额	初始分配配额实行免费分配，采用标杆法、历史强度法和历史法相结合的方法；部分政府预留配额采用公开竞价方式	免费分配	不得超过企业年度初始配额的10%，仅限在本省行政区域内，纳入碳排放配额管理的企业组织边界范围外的项目	允许/不允许	无
深圳	方案中未明确	预分配配额 调整量配额 新进入者的储备 进行拍卖的配额 价格平抑储备配额	预分配配额、新进入者储备配额和调整配额采用无偿分配，其他配额采用拍卖方式或者固定价格的方式有偿分配	免费分配	最高抵消比例不高于管控单位年度碳排放量的10%，在本市碳排放核查边界范围内的不得抵消	允许/不允许	无

（资料来源：根据试点省市发改委发布的碳交易管理办法、碳配额分配办法等整理所得）

2.4 我国试点碳市场价格特征及实证分析

我国七个试点的经济规模、产业特征、能源结构和资源禀赋均存在较大差异，碳交易市场的政策供给与管理模式也各不相同，各具特色，碳市场流动性和市场发育程度也存在差异。本书将通过建立 ARMA-GARCH 模型对七个试点价格波动率进行实证分析，为我国建立全国统一碳市场提供重要的管理经验和启示。

2.4.1 碳价格理论模型

(1)ARMA 模型

自回归移动平均(autoregressive moving average，ARMA)模型包含了一个自回归过程 AR(p)和一个移动平均 MA(q)过程。ARMA(p,q)的一般表达式为：

$$Y_t = c + \alpha_1 Y_{t-1} + \alpha_2 Y_{t-2} + \cdots + \alpha_t Y_{t-p} + \varepsilon_t + \beta_1 \varepsilon_{t-1} + \beta_2 \varepsilon_{t-2} + \cdots + \beta_q \varepsilon_{t-q} + \varepsilon_t$$

$$(2.1)$$

其中，$\{Y_t\}$ 为 t 时期的时间序列数据，Y 为碳市场价格，c 为常数项，p 和 q 分别为 AR 和 MA 的滞后阶数。ARMA 过程中，p 和 q 的阶数是未知的，其参数分别为 $\alpha_1, \alpha_2, \cdots, \alpha_p$ 和 $\beta_1, \beta_2, \cdots, \beta_q$。ARMA($p$,$q$)定阶后，方可进行参数估计。较常用的定阶数方法是 AIC 最小准则和 BIC 信息准则，两种方法都需使用极大似然估计法。对 ARMA(p,q)定阶时，本书尝试对 $p=1,2,3,4$ 和 $q=1,2,3,4$ 分别进行估计。ε_t 为扰动项，$\{\varepsilon_t\}$ 为均值为零、方差大于零的白噪声序列。本书在 ARMA 过程的基础上，进行了 GARCH 过程，以弥补 ARMA 扰动项 ε_t 的不可观测性。

(2)GARCH 模型

条件异方差(autoregressive conditional heteroscedasticity，ARCH)模型由 Engle 于 1982 年提出并研究发展，该模型多用来解释一些存在特殊的异方差形式的时间序列，即回归误差的方差依赖于前期误差的变化过程。一般表达式为：

$$\sigma_t^2 = \varphi_0 + \varphi_1 \varepsilon_{t-1}^2 + \varphi_2 \varepsilon_{t-2}^2 + \cdots + \varphi_p \varepsilon_{t-p}^2 \qquad (2.2)$$

式(2.2)需要估计很多参数，可操作性不大，因此用一个或两个 σ_t^2 的滞后值代替多个 ε_t^2 的滞后值，即广义自回归条件异方差(generalized autoregressive conditional heteroscedasticity，GARCH)模型。该模型由 Bollerslev 等于 1992 年提出，模型一般表达式为：

$$\sigma_t^2 = \varphi_0 + \varphi_1 \varepsilon_{t-1}^2 + \varphi_2 \varepsilon_{t-2}^2 + \cdots + \varphi_p \varepsilon_{t-p}^2 + \lambda_1 \sigma_{t-1}^2 + \lambda_2 \sigma_{t-2}^2 + \cdots + \lambda_q \sigma_{t-q}^2 \tag{2.3}$$

通常情况下使用 GARCH(p,q)模型，p 为 GARCH 项的阶数，q 为 ARCH 项的阶数。在碳市场价格的实证研究中，通常认为 GARCH 模型选择一阶就能够捕捉到碳价格时间序列的特征，简单的 GARCH 模型是 GARCH$(1,1)$模型：

$$\sigma_t^2 = \varphi_0 + \varphi_1 \varepsilon_{t-1}^2 + \lambda_1 \sigma_{t-1}^2 \tag{2.4}$$

其中，φ_0 为常数项，$\varphi_1 \varepsilon_{t-1}^2$ 为前一时刻变化量（ARCH 项），$\lambda_1 \sigma_{t-1}^2$ 为前一时刻的方差（GARCH 项）。指数广义自回归条件异方差（exponential generalized autoregressive conditional heteroscedasticity，EGARCH)模型由 GARCH 模型衍生得来，是 Nelson 于 1991 年提出的。EGARCH 可以克服 GARCH 在处理正负收益对波动率的对称影响，一般表达式为：

$$r_t = c + \delta \frac{|\hat{\varepsilon}_{t-1}|}{\sqrt{\hat{\sigma}_{t-1}^2}} + \tau \frac{\hat{\varepsilon}_{t-1}}{\sqrt{\hat{\sigma}_{t-1}^2}} + \gamma_t \tag{2.5}$$

其中，r_t 为被解释变量的条件方差，δ 为中击的大小，δ 越大表示波动性越大；τ 用以衡量非对称性波动，若 $\tau > 0$，则存在正向非对称波动，若 $\tau < 0$，则存在负向非对称波动；γ_t 为常数项。

2.4.2　变量选取和平稳性检验

(1)变量的选取

本书采用中国七个碳交易试点的日收盘价进行分析。因考虑到 6 月下旬为各试点的履约期，碳价格在此期间相对活跃，故在数据选取时避开波动较大的月份，选取 7 月以后的数据作为样本。鉴于过短的时间序列会导致模型估计结果不准确，对碳市场观测周期应以一年以上为宜，所以样本范围为 2015 年 7 月 1 日—2016 年 12 月 2 日，去除节假日与各试点调整休市，实际数据共 2494 个，数据来源于中国碳排放交易网。价格数据往往较不平稳，而 ARMA 过程要求数据是平稳的，因此对日交易价格进行了对数差分以使增长率平稳化。使用的统计软件为 EViews 8.0，收益率的描述性统计如表 2.8 所示。七个试点的峰度均大于 3。从偏度来看，北京、湖北、天津三个试点呈现出左偏，广东、深圳、重庆、上海均呈现出右偏。七个试点的收益率均呈现出尖峰厚尾的特点，不服从正态分布。

表 2.8　收益率描述性统计特征

	观测值（个）	均值	最大值	最小值	S.D.	偏度	峰度
北京	358	0.000922	0.182836	−0.283055	0.074863	−0.661119	6.400068
湖北	356	−0.000925	0.156161	−0.163937	0.034004	−0.151140	7.314791
广东	359	−9.16E−5	0.310006	−0.336472	0.061445	0.001355	8.538659
深圳	340	−0.000387	0.295867	−0.263585	0.071700	0.164788	3.952983
重庆	358	−0.002202	0.446287	−0.183337	0.055157	2.019552	26.72758
上海	359	0.000625	0.885419	−0.504247	0.080643	3.626673	53.42527
天津	359	5.88E−5	0.967451	−0.967451	0.107223	−0.289457	54.57888

（2）平稳性检验

在使用 ARMA-GARCH 模型进行实证分析前，需要对数据进行平稳性检验、ARCH 检验以及对 ARMA(p,q)定阶。对收益率序列采用 ADF 进行单位根检验，检验结果如表 2.9 所示。从统计结果可以看到，七个试点 ADF 检验 t 统计量均小于检验水平为 1％、5％、10％的 t 统计量临界值，且相应的概率值 p 接近于 0，均严格拒绝原假设，因此认为序列是平稳的。

表 2.9　单位根检验

	ADF 检验的 t 统计量	检验水平为 1％的 t 统计量	检验水平为 5％的 t 统计量	检验水平为 10％的 t 统计量	p
北京	−17.62999	−3.448570	−2.869465	−2.571060	0.0000
湖北	−20.79716	−3.448570	−2.869465	−2.571060	0.0000
广东	−20.64686	−3.448466	−2.869419	−2.571035	0.0000
深圳	−18.32054	−3.449504	−2.869876	−2.571280	0.0000
重庆	−5.995122	−3.448570	−2.869465	−2.571060	0.0000
上海	−23.60595	−3.448518	−2.869442	−2.571047	0.0000
天津	−19.67055	−3.448518	−2.869442	−2.571047	0.0000

2.4.3　定阶和 ARCH 检验

鉴于目前以 ARMA 模型来分析中国试点碳价格的参考文献较少，对 ARMA(p,q)定阶时，本书尝试对 $p=1,2,3,4$ 和 $q=1,2,3,4$ 分别进行估计，得出各阶 AIC 的值（见表 2.10），并使用极大似然法进行估计。依据 AIC 准则，选取出了各碳交易试点 ARMA(p,q)最适合的滞后阶数,分别为北京 ARMA(3,4)、湖北 ARMA(3,2)、广东 ARMA(3,2)、深圳 ARMA(3,4)、重庆 ARMA(1,3)、上海 ARMA(3,2)、天津 ARMA(4,4)。

表 2.10　AIC 值

	北京	广州	天津	上海	深圳	重庆	湖北
ARMA(1,1)	−2.441589	−2.740132	−1.743217	−2.229054	−2.595852	−3.213537	−3.925339
ARMA(1,2)	−2.436732	−2.735108	−1.750485	−2.226322	−2.597942	−3.208803	−3.920909
ARMA(1,3)	−2.442035	−2.755960	−1.762116	−2.221341	−2.592213	−3.241706	−3.915504
ARMA(1,4)	−2.441116	−2.757612	−1.757386	−2.219432	−2.590305	−3.237379	−3.917476
ARMA(2,1)	−2.434062	−2.732699	−1.758599	−2.223438	−2.593058	−3.205466	−3.925870
ARMA(2,2)	−2.437864	−2.761353	−1.753875	−2.217987	−2.592605	−3.204705	−3.940038
ARMA(2,3)	−2.438826	−2.756302	−1.754395	−2.212907	−2.590713	−3.234968	−3.938041
ARMA(2,4)	−2.433515	−2.797022	−1.748888	−2.231563	−2.586747	−3.229656	−3.917819
ARMA(3,1)	−2.438706	−2.732871	−1.750199	−2.215224	−2.593327	−3.225900	−3.919573
ARMA(3,2)	−2.436329	−2.798308	−1.750721	−2.250776	−2.589823	−3.222083	−3.940698
ARMA(3,3)	−2.453159	−2.771010	−1.746096	−2.230557	−2.583952	−3.226978	−3.927610
ARMA(3,4)	−2.427429	−2.762976	−1.740516	−2.228380	−2.600112	−3.221131	−3.910821
ARMA(4,1)	−2.431607	−2.749935	−1.746543	−2.213349	−2.580728	−3.233159	−3.915272
ARMA(4,2)	−2.432813	−2.746862	−1.781901	−2.229583	−2.581449	−3.228842	−3.914743
ARMA(4,3)	−2.458935	−2.765193	−1.776577	−2.235018	−2.595665	−3.223210	−3.922842
ARMA(4,4)	−2.419331	−2.759322	−1.792949	−2.231156	−2.598812	−3.217995	−3.937333

在确定各组 ARMA(p,q)阶数后,对 ARMA(p,q)模型残差序列进行 ARCH 检验(见表 2.11)。ARCH 效应检验有两个统计量,分别是 F 统计量和 T 统计量。由表 2.11 可以看出,在检验辅助回归方程滞后长度取 1 时,七组数据 F 统计量相对应的概率值均小于 0.001;在滞后长度取 10 时,除北京的概率值均小于 0.005,拒绝原假设外,其他均小于 0.001,严格拒绝原假设,从而表明检验辅助回归方程中所有滞后残差平方项是联合显著的。T 统计量(观测值个数乘以检验回归方程的)同上,除北京在滞后 10 阶时相应的概率值小于 0.005 拒绝原假设外,其他组数据的概率值均小于 0.001,均严格拒绝原假设,因此可以认为残差序列存在条件异方差。

表 2.11 ARCH 检验

试点		滞后长度取 1 时			滞后长度取 10 时		
		统计量	概率值		统计量	概率值	
北京	F 统计量	11.33905	Prob. F(1,354)	0.0008	1.950610	Prob. F(10,336)	0.0380
	T 统计量	11.04919	Prob. Chi-Square(1)	0.0009	19.03938	Prob. Chi-Square(10)	0.0398
湖北	F 统计量	62.92560	Prob. F(1,353)	0.0000	6.209833	Prob. F(10,335)	0.0000
	T 统计量	53.70813	Prob. Chi-Square(1)	0.0000	54.10756	Prob. Chi-Square(10)	0.0000
广东	F 统计量	51.86518	Prob. F(1,355)	0.0000	6.679404	Prob. F(10,337)	0.0000
	T 统计量	45.50861	Prob. Chi-Square(1)	0.0000	57.56480	Prob. Chi-Square(10)	0.0000
深圳	F 统计量	17.76510	Prob. F(1,337)	0.0000	2.851041	Prob. F(10,319)	0.0021
	T 统计量	16.97565	Prob. Chi-Square(1)	0.0000	27.07382	Prob. Chi-Square(10)	0.0025
重庆	F 统计量	19.98318	Prob. F(1,355)	0.0000	5.303043	Prob. F(10,337)	0.0000
	T 统计量	19.02484	Prob. Chi-Square(1)	0.0000	47.31577	Prob. Chi-Square(10)	0.0000
上海	F 统计量	26.74505	Prob. F(1,354)	0.0000	2.775600	Prob. F(10,337)	0.0000
	T 统计量	25.00686	Prob. Chi-Square(1)	0.0000	26.47745	Prob. Chi-Square(10)	0.0000
天津	F 统计量	59.33102	Prob. F(1,355)	0.0000	6.060565	Prob. F(10,337)	0.0000
	T 统计量	51.12138	Prob. Chi-Square(1)	0.0000	53.04443	Prob. Chi-Square(10)	0.0000

2.4.4　碳价波动性特征分析

对各试点的 ARMA(p,q)模型进行 GARCH 估计,其中,GARCH$(1,1)$模型描述异方差性简洁并且拟合效果好。由于上海碳交易试点的 GARCH 项系数之和小于 0,天津的大于 1,因此推测存在杠杆效应,采用 EGARCH 模型对模型进行修正,各试点参数估计结果见表2.12。从所估计的均值方程看,北京、湖北、重庆收益率均值为正数,碳排放权交易价格在该时期内较为平稳,但都非常小,说明这三个试点的碳交易活跃度较低,同时也反映出其市场流动性较低。广东、深圳、上海、天津的收益率均值为负数,说明这四个试点在该发展期间相对缺少吸引外部投资的动力。

从条件方差方程来看,除上海与天津外,ARCH 的系数估计值与 GARCH 的系数估计值都大于 0 且小于 1,满足 GARCH 模型参数约束条件,且北京、广东的 ARCH 系数与 GARCH 系数之和分别为 0.954288,0.974529,非常接近 1,说明收益率序列具有有限方差,收益率波动最终会趋于平稳。这与北京、广东碳市场实行的限制挂牌竞价交易和挂牌点选交易价格涨跌幅有较大关系,北京规定的限制价格涨跌的比例为 ±20%,广东为 ±10%。

北京试点的碳价格最为稳定,碳市场的顶层设计较为系统,健全的市场管理制度为碳交易市场的健康稳定运行提供了支撑;深圳作为中国第一个启动的碳排放权交易试点,已形成良好的市场交易机制,市场活跃度也最高。综上所述,实证过程中,北京与深圳两个试点模型拟合效果最好,北京、深圳的 GARCH 系数较大,分别为 0.824534,0.874452,表明收益率的条件方差遭受的冲击影响在时间范围上具有持续性,更容易受到前期的影响。

上海碳交易试点 ARMA$(3,2)$-EGARCH$(1,1)$估计结果中,非对称项的系数估计值为 −0.274148,小于 0 且显著;天津试点 ARMA$(4,4)$-EGARCH$(1,1)$结果估计显示,非对称项的系数估计值为 0.203917,大于 0 且显著,表明一些利好或利空消息的发布与传导对碳市场具有一定的冲击效应,使价格波动产生"杠杆效应"。以上海试点仿真运行碳配额远期为例,上海环境能源交易所决定于 2016 年 11 月 21 日至 2016 年 12 月 2 日开展碳配额远期仿真业务,企业或投资者多会以碳衍生品的出现来辨别市场成熟程度,进而利用碳金融衍生工具规避价格风险,因此在两周十个交易日内,碳市场交易量累计达到 16.1825 万吨,交易价格也上涨了近 70%。

表 2.12 模型计算结果

		北京	湖北	广东	深圳	重庆	上海	修正后的上海参数	天津	修正后的天津参数
ARMA部分参数估计结果	c	0.000782	0.001273	-0.001212	-0.000344	0.000574	0.004549	-2.88E-05	0.007875	-2.64E-05
	$\hat{\alpha}_1$	-0.072860	-0.397441	0.276575	-0.878043	0.761210	-0.942621	-0.069197	0.556738	-0.007125
	$\hat{\alpha}_2$	-0.270920	-0.017310	0.667231	-0.071310		-0.009505	-0.106278	-0.416138	0.001607
	$\hat{\alpha}_3$	0.783934	-0.115859	-0.120188	-0.008164		0.137591	-0.002626	-0.132276	-0.000720
	$\hat{\alpha}_4$	-0.024410	0.169055	-0.354239	0.367545		1.095905	0.067293	-0.413448	0.003342
	$\hat{\beta}_1$	0.122485	-0.168789	-0.622407	-0.409999	-0.276242	0.259591	0.111001	-0.506845	0.007074
	$\hat{\beta}_2$	0.115835			-0.091544	-0.053221			0.421420	-0.001692
	$\hat{\beta}_3$	-0.960752			-0.091136	0.086761			0.172200	0.000653
	$\hat{\beta}_4$								0.472670	-0.003397
GARCH部分参数估计结果	$\hat{\varepsilon}_i$	0.000293	0.000307	0.00043	0.000158	0.000715	0.009631		7.16E-06	
	$\hat{\varphi}_i$	0.129754	0.436922	0.415125	0.093833	0.659598	0.115385		10.80662	
	$\hat{\lambda}_i$	0.824534	0.341661	0.559404	0.874452	0.269939	-0.569784		0.018568	
修正后的EGARCH参数估计结果	C						-2.629049		-4.511292	
	$\hat{\delta}$						0.478906		0.203662	
	$\hat{\tau}$						0.274148		0.203917	
	$\hat{\gamma}_i$						0.727334		0.376683	
	R^2	0.126994	-0.061351	0.041581	0.162675	0.237735	-0.074439	-0.000170	-0.045525	0.000037
	LL	463.5316	743.9486	521.9486	464.3403	668.5172	414.7813	899.9013	592.4878	1497.3780
	AIC	-2.553918	-4.164015	-2.889851	-2.690447	-3.7003777	-2.292550	-5.022041	-3.279592	-8.380665
	SC	-2.443433	-4.065436	-2.791685	-2.565756	-3.613481	-2.194178	-4.901809	-3.148430	-8.227642

2.5　研究结论与建议

2.5.1　研究结论

本章对欧盟碳市场、中国碳试点市场的发展历程、配额分配方法以及碳交易价格等进行了详细分析,现总结如下。

①EU ETS 是全球第一个跨国家、参与国家最多的区域性碳排放权交易市场。本章从欧盟碳交易计划历史演变、配额分配方法与分配范围、成员国之间的配额分配、总量设定与稳定机制、灵活机制五个方面总结分析欧盟碳排放权初始配额分配特点。欧盟在碳交易体系实行第一阶段采用免费分配方法,以减少政策推行的难度;在第二、第三阶段,要求各成员国逐步提高配额的拍卖比例,各成员国的配额分配经历了从分散化决策到集中决策的过程,总量设定方式的调整和稳定机制有效控制了配额流通总量。

②我国碳市场建设经历了从试点市场到全国统一碳市场的发展历程。在我国,碳试点市场采用以历史法为主的配额分配方法,行业覆盖较为广泛,并呈现渐进的特点,总量设定相对宽松并具有不确定性,同时,不同的试点市场均设置了市场稳定机制和灵活机制。

③本章基于 ARMA-GARCH 模型对国内碳排放权价格的波动性进行实证分析,结果显示,我国的碳试点呈现出尖峰厚尾、波动聚集等特征,ARMA-GARCH 模型对北京、湖北、重庆、广东、深圳五个碳市场有较好的拟合。

2.5.2　对策建议

①提高碳市场流动性,丰富市场交易主体与交易产品。不管是从实证研究结果,还是碳交易实践,我们均可以看出,当前我国碳交易的市场活跃程度不是很高,市场流动性还需更大的发展。较低的市场流动性会使碳价不健康发展,影响价格功能的发挥。目前我国碳市场参与主体多元化不足,控排的企业对市场信息的敏感度及碳价的预期相对较低,参与者对市场发展的信心不足,这些都会致使交易者远离市场,进而影响市场的流动性。碳产品的设计应充分考虑市场参与者的需求,积极研发碳衍生品,使投资组合呈现多样化,才能吸引更多的参与者,市场的流动性也会随之增强。

②保持碳交易市场政策的连贯性,促进碳交易价格的稳定性。我国碳试点的

价格波动受政策影响较多，碳市场政策变数过大及信息传递低效增加了价格变化的不确定性，使投资者无法发觉潜在的市场信号，影响了投资者的预期，进而降低了其参与碳市场交易的热情，不利于企业的减排技术改进与投资。尤其是在碳交易市场起步阶段，市场运行效率还比较低，价格变化敏感，天气条件、配额分配、能源价格、政策变化等因素皆可能引起价格的剧烈波动，因此，政府需提高碳市场透明度及政策平稳性以弥补碳市场发展的不足，拓展更多的创新策略以增加碳市场运营的活力，实现我国碳价格的相对稳定性。

③渐进式推进行业覆盖范围，促进碳市场信息的流通度。欧盟对于行业覆盖范围呈阶段推进式特点，从高能耗制造业逐渐向其他各领域行业扩展，这种由小及大、由浅及深的方式使得 EU ETS 稳中求进，也为各成员国提供了一个适应的过程。我国目前纳入统一碳市场的仅为发电行业，应尽快明确其他行业的纳入时间和纳入标准，向市场主体发出明确的碳交易信号，实现较好的市场预期。不同的配额分配方法对碳市场的价格以及市场的发展具有十分重大的影响。从欧盟及我国碳试点市场、统一碳市场的运行来看，我国应进一步提高碳市场运行过程的透明度和相关信息的流通度，提高分配过程的有效性和资源导向性。

第 3 章　碳排放权初始配额总量设定及分配方法比较研究

3.1　碳排放权初始配额分配原则

纵观不同国家和地区的碳交易实践,初始配额分配始终被认为是碳排放权交易制度设计中一个十分重要、复杂且充满争议的环节。在确定分配方法和分配模式之前,有一个重要的环节,即明确配额分配的原则。这个原则是配额分配所依据的准则和标准,分配方法的实施以及事后评估都需要凭借一定的原则框架作为制度效果的评判标准。

3.1.1　责任原则

应对气候变化,是全社会"共同但有区别的责任",重点是"责任",因此,在碳排放权初始配额分配的基本原则中,首要的是责任原则。气候变化的影响是全球性的,无论发达国家还是发展中国家,无论经济发达地区还是经济落后地区,每一个国家和地区都有承担减排温室气体的责任,这是进行碳排放权初始配额分配必须首先坚持的原则。《京都议定书》最初的缔约方不足 90 个,而《巴黎协定》开放签署的首日就有 170 多个国家签署,这充分说明越来越多的国家愿意为了人类共同生活的大气环境,以自愿减排来共同承担应对气候变化的责任。

发达国家和地区具备更好的经济条件和更先进的减排技术,因此,在应对气候变化中有更强的能力承担更大的减排责任,或者有能力帮助发展中国家和经济欠发达地区进行减排。而发展中国家和经济欠发达地区的第一要务依然是发展经济,提高居民生活水平,若要实现这一愿景,某种程度上就会增加能源消耗和碳排放。但这并非意味着发展中国家或经济欠发达地区就没有减排的责任,只是其应根据自身情况采取相应措施，或者借助发达国家和地区提供的资金与技术支持，承担相应的减排责任，为应对气候变化作出力所能及的贡献。

3.1.2　公平原则

公平原则是在应对气候变化中被提及最多的一个原则，公平原则最能体现"共同但有区别的责任"的"区别"。公平原则之所以重要，是因为从发展的角度来讲，碳排放权初始配额是一种稀缺的资源，配额的分配其实就是对发展资源的分配，也是对发展权利的分配。各个国家、地区、行业和企业的发展程度和发展基础不尽相同，因此，要让更多的排放主体积极参与并自觉遵守减排约定，公平原则至关重要。

首先，从国家和地区间分配来看。经济发达的国家和地区在受排放约束之前就使用了碳排放权，才有了目前的发展水平，即其发展是以一定的环境容量为代价的。因此，从这个角度上来说，应该在碳排放权初始配额分配中进行适当的政策倾斜，充分考虑国家和地区间经济发展水平、产业结构、能源结构、温室气体减排潜力和减排成本的差异，给发展中国家和经济欠发达地区更多的发展空间和发展机会。

其次，从行业和企业间分配来看，分配方法的选择必须保证公平性和公正性，同一类型的企业应纳入管理，新进入的企业与既有企业都应当获得公平分配的机会。不同行业之间或同一行业的不同企业之间也会存在地区差异、能效差距，因此在分配方案的制定中，企业的先期减排行动和减排潜力等因素应当纳入综合考虑。采用基准法时，"排放标杆"必须按照"最佳可行技术"（best available technology）或者"最佳实践"（best practice）来制定，以保障提早行动产业的权益，避免由分配不当带来的不公平竞争的影响。

3.1.3　效率原则

完全公平地进行碳排放权初始配额分配，是一项庞大而复杂的系统工程，不仅涉及碳排放历史数据的核算，还要充分考虑发展基础和发展愿景以及减排能力、减排责任和减排潜力等要素；不仅所有地区、所有行业和企业都应参与其中，所有社会领域、家庭和个人也要纳入分配，这对于有限的政府行政管理能力来说，无疑是难以实现的。因此，各主体在进行碳排放权初始配额分配之时，除了要坚持公平原则，还必须兼顾效率原则。

初始配额分配的效率原则是指在排放总量的约束下，以最小成本实现最大减排目标,从而获得交易政策整体运行的最优经济效果,主要包括经济效率和管理效率两个方面。从经济效率的角度看,配额作为一种稀缺性资源,应当分配到能够高效利用的企业手中,尽可能实现单位碳排放产出最大化,使企业能够真正根据碳生产率水平获得所需配额,从而实现资源的最优配置。从管理效率的角度看,初始配额分配应当选择管理成本和交易成本最低的方式。配额分配是一个非常复杂的系统工程,涉及诸多行政管理的环节,管理机关需要完成收集碳排放历史数据、制定分配规则、选择分配方法、建立碳排放账户、发放配额等工作(王文军等,2014)。因此,在确定初始配额分配方法时,还要充分考虑行政管理成本和交易成本问题。

综上所述,管理机关应科学、合理、有效地进行碳排放权初始分配,必须有所取舍,抓大放小,合理确定行业覆盖范围和企业纳入标准,分阶段、分步骤,逐步推进碳市场建设,渐进发展。对于一些温室气体排放量小的行业和企业,暂时无须覆盖,这样可以有效降低政策制定和执行的难度,并降低管理成本和交易成本,提高配额分配效率。目前,各国的碳交易体系主要聚焦于生产和公共交通等领域,以企业为分配和交易主体。尽管随着生活水平的提高,生活用能和私人交通能耗比重不断提高,但就现阶段而言,针对个人的配额分配和交易尚未付诸实践,这正是效率原则的体现。

3.1.4　能力原则

应对气候变化中的能力原则是指责任的承担应与其能力相吻合。不同的国家和地区在承担减排责任时,应具备相应的减排能力。我们要尊重国家和地区各自的能力,各个国家和地区的历史责任、发展阶段、发展水平、技术能力等都不一样,因此,能力原则要求各个国家和地区尽自己所能来做符合自己发展阶段和发展水平的事情,尽自己所能采取积极的减排措施。从《京都议定书》对发达国家的强制约束到《巴黎协定》中世界各国的自愿减排,都充分体现了这一原则。

当然,这一原则不仅适用于温室气体减排,还适用于减排资金、低碳技术等一系列要素。《巴黎协定》也再次明确,发达国家缔约方应为发展中国家缔约方提供资金、技术和能力建设支持。一般而言,发达国家和经济发达地区的减排潜力较小、单位减排成本较高,因此,这些国家和地区可以坚持能力原则,通过输出资金和技术等要素来帮助减排潜力相对较大、单位减排成本相对较低的国家和地区减排,从而实现其自身减排目标并降低社会总减排成本。

3.2 碳排放权初始配额总量设定

3.2.1 总量设定理论模型

(1)全国碳排放总量设定

碳排放总量设定是我国应对气候变化、实现减排目标的重要前提。但是碳排放总量设定是一个复杂的工作,不仅要考虑碳市场覆盖范围的特征,还要把握不同年份国家碳减排目标和对碳排放交易体系贡献的期望值,并且要对未来一个时期的经济增长率和交易体系覆盖行业的成长情况进行一定预判,同时,也要将产业和企业的承受力和竞争力以及相关政策环境纳入考量中来。只有综合考虑以上因素,才能形成一个减碳效果明显、技术上和经济上可行、政治上可接受的总量设定方案。

参考齐绍洲(2016)的分析框架,将全国碳排放总量设定为 E,则三种不同情境下的排放总量为:E_n^0,即一段时期开始时全国碳排放量;E_n^t,即一段时期结束后全国碳排放量;E_{nBAU}^t,即一段时期结束时在 BAU 情景[①]下的全国碳排放量。这里 0 表示一段时期开始的时间,t 表示一段时间结束的时间,n 表示全国的范围,可以是 n 个地区或者 n 个行业,则三种排放量的关系是:

$$E_n^t = e_n^t \times \mathrm{GDP}_n^t \tag{3.1}$$

$$E_n^t = e_n^0(1-r_{ne}) \times \mathrm{GDP}_n^0(1+r_{nGDP}) \tag{3.2}$$

式(3.2)运算后得:

$$E_n^t = e_n^0 \times \mathrm{GDP}_n^0(1-r_{ne}) \times (1+r_{nGDP}) \tag{3.3}$$

同时,

$$E_{nBAU}^t = e_n^0 \mathrm{GDP}_n^0(1+r_{nGDP}) = E_n^0(1+r_{nGDP}) \tag{3.4}$$

所以,

$$E_n^t = E_{nBAU}(1-r_{ne}) \tag{3.5}$$

$$\Delta E_n^t = E_{nBAU}^t - E_n^t = E_{nBAU}^t - E_{nBAU}^t(1-r_{ne}) = E_{nBAU}^t r_{ne} \tag{3.6}$$

其中,e 为碳排放强度;r_{ne} 为碳排放强度下降率;r_{nGDP} 为 GDP 增长率。从式(3.6)中可以看出,排放总量的降低和碳排放强度的下降率直接相关,而碳排放强度的

---

① BAU 情景表示维持在当前的政策条件和生产水平,BAU 情景下碳排放强度不变。

下降率不仅受国内自身减排与经济转型的压力和动力的影响,还受国际上碳减排的责任和义务的影响(齐绍洲,2016)。

(2)交易部门配额总量设定

我国碳排放强度下降目标已经设定为 2020 年比 2005 年下降 $40\%\sim45\%$,2030 年比 2005 年下降 $60\%\sim65\%$,这是根据我国国际减排责任、国内经济转型需求和环境压力做出的战略选择,是一个难度相对较大的总量控制目标。理论上,一个国家需将整体减排目标在被交易机制覆盖的部门和未覆盖部门之间进行划分,两者之和才是国家排放权初始配额总量。如何设定交易总量是一个更为复杂的问题,其关键就是全国碳排放总量在交易部门和非交易部门的战略划分问题。参考 Böhringer 等(2009)、Fan 等(2014)的分析,我们对交易部门和非交易部门战略划分问题进行了探讨。

假定国家有 N 个地区,某个地区分配配额 $\hat{A}_n$,同时假定碳市场覆盖所有分配的地区,每个地区都有权将 q_n 的配额量通过免费的方式分配到企业进行交易,则非交易部门(NT)的配额量:

$$A_{n,NT} = \hat{A}_n - q_n \tag{3.7}$$

定义交易部门和非交易部门的减排成本分别为 $C_{n,T}(A_{n,T})$ 和 $C_{n,NT}(A_{n,NT})$。假设配额价格为 p,总交易配额量的函数为 $P = p(\sum q_n)$,交易部门的实际碳排放量为 $A_{n,T}$。假定没有市场力的作用,每个企业都会采取减排行动,直到边际减排成本等于配额价格,即 $C'_{n,T}(A_{n,T}) = p$。

此时,地区最优策略是减排成本最小,包括交易部门、非交易部门的减排成本、交易部门的交易收益和成本,公式表示如下:

$$\min_{q_n}[C_{n,T}(A_{n,T}) + C_{n,NT}(A_{n,NT}) + p(q_n + \sum_{m \neq n} q_m)(q_n - A_{n,T})] \tag{3.8}$$

式(3.8)表示成 q_n 的函数后:

$$\min_{q_n}[C_{n,T}(A_{n,T}(p(q_n + \sum_{m \neq n} q_m))) + C_{n,NT}(\hat{A}_n - q_n) + p(q_n + \sum_{m \neq n} q_m)(q_n - A_{n,T}(p(q_n + \sum_{m \neq n} q_m)))]$$

从式(3.8)中第一部分可以看出,交易部门的减排成本与配额价格、配额分配数量相关;第二部分是非交易部门的减排成本,与配额数量有关;第三部分为碳交易净收益,与配额价格、配额总量和交易部门实际排放量有关。

为实现地区减排成本最低,对 q_n 进行一阶求导,得到:

$$C'_{n,T}(A_n, T)A'_{n,T}P' - C'_{n,NT} + P'(q_n - A_{n,T}) + p(1 - A'_{n,T}P') = 0 \tag{3.9}$$

而 $C'_{n,T}(A_{n,T}) = p$,所以:

$$C'_{n,NT} = P'(q_n - A_{n,T}) + p \tag{3.10}$$

在没有市场力的情况下，$P' = 0$。从式(3.10)中看出，非交易部门的边际减排成本等于碳价格，也等于交易部门边际减排成本价格，这就说明成本是有效的和最优的。当 $P' \neq 0$ 时，边际减排成本较低的地区会在交易部门少分配配额，非交易部门的减排压力降低，边际减排成本会低于配额价格；反之，边际减排成本较高的地区会在交易部门多分配配额，非交易部门的减排压力加大，边际减排成本会高于配额价格。

3.2.2　总量设定路径

从国家和地区分配关系的角度看，初始配额总量设定路径包括"自下而上"模式和"自上而下"模式。"自下而上"模式是分散上报的方式，各地区将各自的碳排放权配额分配方案上报至中央管理部门，由中央管理部门进行汇总和核准，再根据核准后的配额总量进行初始分配，这种设定方式基本上依据地方上报的方案执行。反之，"自上而下"模式是集中控制的方式，中央管理部门首先根据国家总体减排目标进行总量设定，再将配额总量分配至每个地区。而欧盟是实行这两种模式的最佳案例，在不同的阶段分别实行了"自下而上"和"自下而上"两种总量设定和配额分配方式。

(1)"自下而上"的设定模式

"自下而上"的设定模式是把配额分配的权力下放给地区，让各地区根据实际情况分散上报。这种模式的优势在于可以在国家缺乏实践经验和历史排放数据的情况下进行配额分配，适宜于政策实行的初期，也有助于国家逐步掌握每个区域的碳排放情况，为未来碳交易发展的科学决策做好准备。另外，每个地区的资源禀赋、经济发展水平、产业结构、能耗结构、人口规模和密度等都有所差异，"自下而上"的设定模式可以很好地避免统一政策可能带来的负面影响，充分体现区域特色，满足区域发展需求。

但"自下而上"的设定模式在现实中也存在很多问题。首先，会存在道德风险。各地区从自身利益出发，本能地都会尽量扩大配额申报总量，因此会造成配额的过度分配，从而造成整体碳市场的无效率。其次，会引发中央和地方的矛盾。中央政府需要根据减排目标，对地方上报的配额进行核准，这势必会削减部分配额，因此容易遭到地方政府的反对。如欧盟委员会对各成员国提交的 NAP 进行核定和削减，就遭到了各成员国的强烈反对，波兰、斯洛伐克、匈牙利、捷克等国甚至就 NAP 向欧盟法院提起诉讼(陈惠珍,2013)。

(2)"自上而下"的设定模式

"自上而下"的设定模式把配额总量控制和分配的权力集中在中央,由中央统一进行分配。这种分配模式的优势在于:①能够明确减排目标并严格控制配额总量,快速制定分配方案并加以落实,引导国家走向一个明确的低碳发展方向,避免了地区权力分散导致的方案拖延、计划实施不力的现象;②有利于快速调整市场供给配额量,实时监控,动态调整,避免碳价格的剧烈波动和碳市场的失效;③在一定程度上保证了地区和行业间的公平,减少了企业"寻租"行为。

但是,"自上而下"的设定模式也存在一些缺陷。首先,这种设定模式需要国家掌握较为完整的地区基础数据,并以此为基础展开分配,尤其是采用历史法分配时,会存在因道德风险而引发的配额分配效率问题。其次,这种分配模式无法兼顾每个地区的技术水平、产业差异和行业特点,集中控制的分配模式可能造成"一刀切"的负面影响,无法体现区域特色。比如,覆盖企业门槛的设定,上海、广东等地设定为年碳排放 20000 吨以上,而深圳设定为年碳排放 3000 吨以上,这是由区域产业特点和企业规模水平所决定的。

(3)路径选择

我国目前应该实行自上而下为主、上下结合的设定路径。"自上而下"主要体现在:①对减排目标的统一设置。我国经济还处在中高速发展阶段,碳排放的峰值尚未达到,因此,在未来一段时期内,我国仍将实行以强度控制为主的减排方式,这就需要国家统一设定每个省份的减排强度,制定科学合理的区域分配方案,并进行统一考核,以实现国家整体的减排目标。②对市场调整配额的统一控制。市场供给配额量会影响整个碳市场运行的效率,因此,国家应该对市场上的配额量进行实时监控,明确动态调整方案,避免碳价格的剧烈波动和碳市场的失效。③对配额分配方法的统一制定。每个地区和行业都有其特殊性,技术水平也存在较大差异,只有制定统一的分配方法,才能有效促进企业的低碳改进,尤其是在基准法的使用过程中,更需要设定统一的基准,鼓励企业采用先进技术。统一的分配方法还能在一定程度上保证地区和行业间的公平,减少企业寻租行为的发生。

同时,我国现阶段还处在碳交易政策实施的初期,能力建设和基础数据掌握还存在不足,因此,在实行"自上而下"的时候,要适当进行"上下结合"。"上下结合"主要体现在:①对碳排放基础数据的掌握。我国目前对各省份、各行业和重点能耗企业的碳排放基础数据掌握还不够全面,有些基础数据也还不够科学,因此,在现阶段需要加强基础数据的上报工作,摸清"家底",逐步掌握每个区域的碳排放情况，为未来碳交易发展的科学决策做好铺垫。②对特殊地区和特定行业的考虑。每个地区的资源禀赋、经济发展水平、产业结构、能耗结构、人口规模和密度等都有所差异，每个行业的技术水平、产业特点也不尽相同，尤其是经济欠发达地区和新兴产业，需要重点考虑其发展愿景，因此，在配额分配过程中，需要"上下结合"，避免统一政策对这些地区和行业发展带来负面的影响。

3.2.3 总量分配层次

从地区和产业（企业）分配关系的角度看，初始配额分配包括单层分配模式和多层分配模式，其区别在于初始配额分配过程中，是否涉及多个区域以及是否将行业部门和企业的分配层级纳入考虑范围。国家和地区在选择分配模式的时候，可以根据不同的条件和环境，选择"国家—企业"的单层分配模式或"国家—省域—行业—企业"的多层分配模式。

(1)单层分配模式

"国家—企业"的单层分配模式适合覆盖行业部门较为单一且纳入企业数量较少的情形，单层模式的优势在于公平性的保障和效率的提高。首先，这种模式可以有效降低分配过程中的操作难度和行政管理成本，从而提高分配的效率；其次，在这种模式下，不同企业都采用统一的初始配额分配方法，保证分配过程形式上的公平。但是，单层分配模式没有充分考虑产业的特点，不利于行业之间的平衡以及竞争力的保护，更不利于引导产业结构的转型升级，可能会造成结果上的不公平。

(2)多层分配模式

多层分配模式包括两类，一类是"国家—省域—行业—企业"多层分配模式，适合分配对象覆盖多个省域和多个行业部门的情形。在该分配模式下，初始配额总量将首先被分配到各个不同省域，然后被分配到各个行业，最后在行业内的企业间被具体分配；另一类是"国家—省域—企业"多层分配模式和"国家—行业—企业"多层分配模式，前者适合分配对象覆盖多个省域但每个省域的产业部门比较单一的情形，后者适合分配对象覆盖省域比较单一但行业部门较多的情形。

多层分配模式的优势在于能有效平衡省域和行业之间的差异，准确反映省域发展特点和行业发展特色，避免省域和行业之间发展水平、减排潜力、技术水平等的不同所带来的竞争扭曲问题。但多层分配模式会增加分配程序的复杂性，大大增加了政府部门的行政管理负担和成本支出，增加制定省域和行业配额分配政策的难度，尤其在制定不同省域和行业分配的标准和方法上更是复杂。此外，不同省域或者行业中的利益集团很有可能会为了争取更多配额而对政府中的分配主管部门进行游说,游说一旦奏效,将导致省域和行业间分配的不公平,而这对于单层分配模式下个体排放企业而言是很难做到的(潘晓滨,2017)。

(3)层次选择

我国省份、行业众多,适合采用多层的分配模式,以更好地实现减排目标,但目前基础数据不够,因此可以分成几步走,最终实现"国家—省域—行业—企业"的多层分配模式。

第一步,实现国家到省域的分配。国家在 2030 年左右实现完全总量控制之后,应该严格实行对省域的总量分配。早在 2010 年,我国辽宁、云南、浙江、陕西、天津、广东和湖北七个省份被选为省级温室气体清单编制试点地区,全面开展 2005 年度省级温室气体排放的摸底估算工作,分农业、废弃物、林业、工业生产过程和能源活动五个领域开展数据摸底,之后的每一年编制前一年的温室气体清单,这项工作持续至今。目前,其他 24 个大陆省份也都启动了省级清单编制的研究工作。从 2013 年开始,基础条件较好的地区(比如浙江)已经启动市县级清单编制,并已经成为常态化工作。因此,再经过几年的统计,核算方法将更加成熟,核算结果也将更加科学合理,省域层面的温室气体排放数据将变得比较完整。

第二步,实现省份到行业的分配。行业的分配是最难的,主要是由于我国行业众多,仅工业行业就有 40 个大类,而且行业数据更是难以掌握,这给行业分配带来一定的难度。我国在 2013 年 10 月、2014 年 12 月和 2015 年 7 月分三批公布了包括发电、钢铁、水泥、石油天然气、造纸、氟化工等在内的 24 个行业企业温室气体排放核算方法与报告指南(试行),要求各省份根据指南进行相关行业和企业的温室气体排放核算和报告。各省份制定了相应的纳入行业核算的企业门槛,并进行了行业排放数据试算,这为行业分配奠定了数据基础。尽管行业层面缺乏配额分配承接的主体,但我国实行按行业逐步推进交易覆盖范围,首先覆盖了发电行业,因此,这一步工作必不可少。

第三步,实现行业到企业的分配。碳交易的主体是企业,因此,最终配额分配的落脚点还是在企业。国家《"十二五"控制温室气体排放工作方案》提出要加快构建国家、地方、企业三级温室气体排放核算工作体系,实行重点企业直接报送温室气体排放数据制度,因此,企业碳盘查就变得尤为重要。2014 年 1 月,国家发展改革委发布《关于组织开展重点企(事)业单位温室气体排放报告工作的通知》,2010 年温室气体排放达到 13000 吨二氧化碳当量,或 2010 年综合能源消费总量达到 5000 吨标准煤的法人企(事)业单位需要报告温室气体排放情况。由此可以看出，企业是国家温室气体核算体系的基础，也是最重要的一环，企业的碳盘查工作将是我国碳排权放初始配额分配的关键环节。

3.3 配额分配方法及理论模型

3.3.1 基于滚动基准年的历史法

(1)祖父法(grandfathering)

祖父法又称历史法，是基于历史排放量的免费分配方法，指温室气体排放主体以其在基准期的排放量为基础获得排放配额的一种方法。基准期可以是一年，也可以是多年，但为了降低产值波动的影响，在现实中基准期排放量往往采用3~5年排放量的平均值。具体的计算方法是：

$$A_i = E_{i_{base\,year}} \times f \tag{3.11}$$

其中，A为排放配额，i为某规制企业，E为碳排放量，base year为基准年，f代表一个调整变量，使配额分配与部门的总配额数量相一致。

祖父法对基础数据要求相对较低，操作方法相对简单易行，又属于免费分配，对于政府和规制企业来说，可接受度比较高，这正是欧盟等国家和地区在交易政策初期选择此方法的原因。但祖父法存在三大难题：①先期减排问题。祖父法是基于历史排放数据来进行配额分配的，这就会造成事先已经减排的企业获得较少的配额，而没有采取减排措施的企业反而可以获得较多配额，这些企业还能在交易期通过适度减排而出售多余配额获得额外收益，这就是所谓的"鞭打快牛"的现象。②基期选择问题。采用祖父法，对于历史基期的选择非常重要，但存在一个两难的困境，如果选择滚动的基期，就会严重影响企业的减排积极性，因为他们会发现此时的减排行为会导致以后获得较少的配额。因此，欧盟在第二阶段就建议成员国不要采用第一阶段的历史数据(Georgopoulou et al.，2006)。但是，随着经济的发展，采用较早年份的固定基期显然也是不够合理的(齐绍洲等，2013)。③新进企业问题。由于新进企业没有历史排放数据，因此无法和现存企业采用相同的分配方法。

为了改进祖父法的一些缺陷，研究人员在其实际运用过程中，往往会增加不同的调整因子，我们称之为多因素祖父法，计算公式是：

$$A_i = H_i \times F_j \tag{3.12}$$

其中，A_i 为企业的配额，H_i 为该企业的基期历史排放量，F_j 为 j 种不同的调整因子，比如遵行因子[①]、行业成长因子、能源效率因子等。配额分配时，不仅要考虑减排目标，还要考虑行业的成长性、减排潜力和与总减排量的一致性等因素。这种改良的祖父法是外生标准（历史排放量）和内生标准结合的分配方式，但企业获得的配额很大程度上还是取决于过去的排放量，对企业减排绩效的考虑非常有限（齐绍洲等，2013）。

（2）基于滚动基准年的历史法内生分配方法

对滚动基准年的历史法进行方法的创新，使其同时具有公平性、效率性和环境有效性。具体而言，厂商所获得的配额为：

$$A_0^{it} = \mu \alpha_0^{it} e_0^i + (1-\mu) \frac{1}{k} \sum_{l=1}^{k} \alpha_1^{it,t-l}(e^{i,t-l}) e^{i,t-l} \qquad (3.13)$$

其中，μ 为历史法固定基准年配额占比，$1-\mu$ 为更新基准年的配额占比，i 代表第 i 个企业，t 为基准年，l 为年份（$l = 1, 2, 3, \cdots, k$），e_0^i 为固定基准年排放量，$e^{i,t-l}$ 为更新基准年排放量，α_0^{it} 为固定基准年排放系数，$\alpha_1^{it,t-l}(e^{i,t-l})$ 即为本方法关键的内生配额分配函数。如果上一年企业的碳排放量减少，则分配系数增大，获得的配额也增加，实现对企业先期减排行动的奖励；反之，上一年排放量增加，则分配系数减少，获得的配额也减少，实现对企业减排不力的惩罚。对此方程进行利润最大化求解：

$$-\frac{\partial c^{it}}{\partial e^{it}} = \sigma_t^* - \frac{(1-\mu)}{k} \sum_{l=1}^{k} \frac{1}{(1+\delta)^i} \sigma_{t+l}^* \alpha_1^{it,t+l}(e^{i,t+l})(1+\varepsilon_{oe}^{it+l}) \qquad (3.14)$$

其中，σ_{t+l}^* 与 σ_1^{it+l} 分别为 $t+l$ 期社会最适排放权均衡价格与核配率。在这种状态下，企业达到最优的减排水平，此时，边际减排成本等于排放权净收益。

$$\varepsilon_{oe}^{i,t+l} = \frac{\partial \alpha_1^{it,t+l} e^{i,t+l}}{\partial e^{i,t+l} \alpha_1^{it,t+l}} \quad (e_{oe}^{i,t+l} < 0, l = 1, 2, 3, \cdots, k) \qquad (3.15)$$

$\varepsilon_{oe}^{i,t+l}$ 称为减排诱因弹性（elasticity of abatement incentive）。可以证明 $\varepsilon_{oe}^{i,t+l} \leqslant -1$ 是提高配额分配公平性（考虑先期减排行动）、效率性（成本有效性）及环境有效性的必要条件。如果配额分配设计符合 $\varepsilon_{oe}^{i,t+l} = -1$，则满足公平性、效率性及环境有效性的充分条件（齐绍洲，2016）。

3.3.2　基于产出的基准法

基准法（bench-marking）又称标杆法，是一种基于产出的免费分配方法，它将

[①]为了实现配额总量和总量控制目标一致的调整因子。

每生产一个单位产品所产生的温室气体排放量作为基准来进行配额分配。除了产品基准值外，还可以是热量基准值、燃料基准值和排放进程基准值。基准值的确定可以按照"最佳实践"，也可以按照"最佳可行技术"来设定。基于产品基准值的计算公式为：

$$\hat{A}_i = q_{i_{\text{Prod. year}}} \times e_{\text{sector}_{\text{base year}}} \tag{3.16}$$

其中，$\hat{A}$ 为排放配额，i 为某规制企业，e_{sector} 为行业产品碳排放基准值，base year 为基准年，Prod. year 为需要分配配额数量的生产年份，q 可以是企业的产出、投入或者产能。本书的分析基于产出的基准（output based allocation，OBA），并参考了 Zetterberg（2014）的分析框架，为了方便计算书写，将式（3.16）简写成 $\hat{A} = q \times e$。

参与交易企业的利润公式为：

$$\prod = Pq - c(q,a) - pe(q,a) + p\hat{A} \tag{3.17}$$

其中，$\prod$ 是企业利润，P 是产品价格，$c(q,a)$ 是企业产出 q、减排 a 时的成本，p 为配额价格，$e(q,a)$ 为企业的排放，$\hat{A}$ 为企业免费获得的配额量。假定产品价格 P 不受减排的影响，同时假定两个交易期，1 代表第一期，2 代表第二期，两期利润分别为：

$$\prod_1 = P_1 q_1 - c_1(q_1,a_1) - p_1 e_1(q_1,a_1) + p_1 \hat{A}_1 \tag{3.18}$$

$$\prod_2 = P_2 q_2 - c_2(q_2,a_2) - p_2 e_2(q_2,a_2) + p_2 \hat{A}_2 \tag{3.19}$$

这里我们假定两期的减排 a_1，a_2 相对独立，a_2 不受 a_1 的影响，因此，在考虑两期的情况下，企业利润公式为：

$$\prod = \prod_1 + \frac{1}{(1+r)} \prod_2 \tag{3.20}$$

其中，r 为一期和二期之间的折现率。假定配额分配是基于滚动基期的产出（$q_{\text{ex-ante}}$）和历史排放基准（$e_{\text{x-ante}}$），则：$\hat{A}_2 = q_1 \times e_{\text{ex-ante}}$，因此，根据式（3.18）和式（3.19），得：

$$\prod_1 = P_1 q_1 - c_1(q_1,a_1) - p_1 e_1(q_1,a_1) + p_1 q_{\text{ex-ante}} e_{\text{ex-ante}} \tag{3.21}$$

$$\prod_2 = P_2 q_2 - c_2(q_2,a_2) - p_2 e_2(q_2,a_2) + p_2 q_1 e_{\text{ex-ante}} \tag{3.22}$$

将式（3.21）和式（3.22）代入利润公式，即式（3.20），求一期利润最大化，对 a_1、q_1 分别求导得：

$$C'_{1,a_1} = -p_1 e'_{1,a_1} \tag{3.23}$$

$$p_1 = C'_{1,q_1} + p_1 e'_{1,q_1} \left[1 - \frac{1}{(1+r)} \frac{p_2}{p_1} \frac{1}{e'_{1,q_1}} \right] \cdot e_{ex-ante} \tag{3.24}$$

由此可见,第一期的边际生产成本是降低的,因为 e'_1, a_1 大于 0,企业的生产会增加,因此,基于滚动基期的产出的基准法能够对企业形成补贴,激励企业生产。

作为一种免费分配方法,基准法和祖父法一样容易被减排主体接受。同时,它又能很好地解决新进企业问题和先期减排问题,若企业先期已经采取减排措施使单位产品的碳排放低于基准值,就可以通过出售超额的配额获得收益,而高排放企业却需要通过购买配额才能完成履约,在碳市场价格有效的情况下,能很好地激励其进行低碳投资、完成低碳转型。但是,基准法存在一个很大的问题,即基准值的确定。基准值的确定需要大量的数据作为支撑,这需要主管部门付出大量的管理成本。另外,当行业产品种类繁多时(比如化工行业),要制定科学而清晰的产品基准值就非常困难。欧盟第三阶段设置了可乐、石灰、长纤维硫酸盐、纸浆、石膏、塑料 PVC 板等 38 个产品类别基准值,55 个特殊精炼产品类别基准值,14 个燃料和电力基准值,2 个热值基准值,以及 8 个芳香族环烃类基准值,可见其复杂程度。

3.3.3　基于多主体的拍卖法

拍卖法(auction)指管理机构规定一定的拍卖方式,规制企业根据自身需求,通过市场竞价的方式来获取碳排放权配额。拍卖的分配方式下,由市场来决定由谁、以什么价格获得排放权配额,提高了资源配置的效率。根据竞价方式的不同,拍卖可以分为两大类,即密封竞价拍卖(sealed-bid auction)和上升竞价拍卖(ascending-bid auction)。前者指企业在规定时间内就自己意愿购买的碳排放权配额及对应的价格进行密封投标,管理部门根据投标企业的竞标需求和配额供给决定出清价格,凡是出价高于出清价格的企业都可以中标,等于该出清价格的进行定量分配,低于这一价格的就被拒绝,所有中标企业为每单位碳排放权所支付的价格为出清价格。后者指配额价格和分配额度都通过开放竞争决定,每个竞价者均有机会提高其出价,最后愿意出价最高的企业最终获得碳配额(李凯杰等,2012)。

根据一级市场密封价格拍卖方式,构建一个基于多主体的简化的碳配额拍卖模型。根据 Cong(2010)的分析框架,假设拍卖者为政府,竞拍者仅包括两类主体:企业 i 和企业 j,r 为每个企业的风险偏好系数。设定企业 i 单位产出需要排放 a

单位二氧化碳，企业 j 单位产出需要排放 b 单位二氧化碳，e_i, e_j 为单位产品销售价格，c_i, c_j 为生产单位产品的成本，配额对于生产主体的价值为 v。因此：

$$v_i = \frac{e_i - c_i}{a} \tag{3.25}$$

$$v_j = \frac{e_j - c_j}{b} \tag{3.26}$$

价值 v 是生产主体愿意为单位配额付出的最大价格，每个主体在初始价格和其自身配额价值之间自由报价，最终形成市场出清价格（cp）。如果市场出清价格高于企业配额价值，则企业会放弃报价；否则，企业会根据其风险偏好选择一种策略进行报价。设企业单位配额报价为 p，p 满足在区间 $[0,1]$ 上均匀分布。

当企业 i 和 j 报价相同，即 $p_i = p_j$ 时，配额应该在两个企业之间随机分配，但实际上，由于企业的收益函数不同且是连续的，两个企业报价相同的概率为 0。因此企业 i 的利润函数可表示为：

$$u_i = (v_i - p_i)^{r_i} \mathrm{Prob}(p_i > p_j) \tag{3.27}$$

u_i 为企业 i 的收益，$\mathrm{Prob}(p_i > p_j)$ 为 $p_i > p_j$ 的概率。根据均匀分布的特点，对于任意的 $p_i \in [0,1]$，$\mathrm{Prob}(p_i > p_j) = p_i$。因此利润函数变为：

$$u_i = (v_i - p_i)^{r_i} \times p_i \tag{3.28}$$

求解利润最大化，p_i 求一阶导数为 0，得：

$$-p_i r_i (v_i - p_i)^{r_i - 1} + (v_i - p_i)^{r_i} = 0 \tag{3.29}$$

则企业 i 出价的贝叶斯纳什均衡为：$p_i^* = \dfrac{1}{1+r_i} v_i$，同样 $p_j^* = \dfrac{1}{1+r_j} v_j$。因此，在拍卖方式下，企业的出价主要受到两个因素的影响：一个是配额对于企业的私有价值，另一个是企业的风险偏好。魏一鸣等（2010）还提出基于 Roth-Erev 模型强化学习算法，并提出主体的学习算法的两个效应（即经验效应和近因效应）对拍卖策略选择概率的影响。

作为有偿分配方法，拍卖法与其他方法相比具有特殊的优势，是未来配额分配重要的方法选择。在实践中，美国区域温室气体行动最早使用拍卖的方式来分配大部分碳配额，90％的配额每季度通过区域性拍卖进行分配，从 2008 年第一次拍卖到 2009 年 12 月，共成交了 4.94 亿美元（Potomac Economics，2009）。但大部分国家的碳交易体系在运行初期都不选择拍卖法，这是因为拍卖法会使碳交易政策受阻，企业会因为成本增加造成利润下降而不愿意接受此种分配方法。同时，企业成本的增加会削弱其竞争力，因此，很有可能会发生产业转移，导致产能流失，还会带来碳泄漏的风险。

3.4　配额分配方法比较研究

3.4.1　配额分配方法适用条件比较

除了上述三种基本的配额分配方法之外,实践中还有一种有偿的配额分配方法——固定价格法(fixed-pricing),管理部门确定每单位碳配额的固定价格,企业以此价格去购买所需配额。这种分配方法对政府定价的要求比较高,如果设定的价格过高则会增加企业的生产成本,价格过低又会失去对企业的约束力。理论上,如果政府可以掌握每个企业的减排成本,就可以确定合理的配额价格,但由于实践中存在信息不对称等问题,因此政府很难准确评估企业的减排成本,也很难制定出科学的配额价格(孙丹等,2013)。固定价格法作为有偿分配方法,具有部分拍卖法所具备的优势,但配额固定价格不能反映真实的市场需求,因此,固定价格法在资源配置效率等方面劣于拍卖法。这种方法只能用于从免费分配到拍卖分配的过渡阶段。在实践中,澳大利亚和新西兰采用过此种方法。

从适用条件来看,祖父法对历史数据的要求最为简单,不会给参与企业造成经济负担,因此,祖父法的可操作性很强,适用于碳交易政策的初期。基准法很好地解决了祖父法难以解决的"先期激励"难题,但对基础数据的要求非常高,也无法实现资源的高效配置,因此,适用于碳交易计划实行一段时间后,且只能分行业逐步推进,最终要过渡到由市场来决定配额价格。固定价格法对政府定价的要求比较高,它具备偿分配方法的优势,但不能反映配额真实的市场需求,因此可以作为从免费分配到拍卖法分配的过渡时期的选择。拍卖法是目前学术界所公认的最能体现市场效率的分配方法,能促进低碳投资、保证配额分配公平透明、提高政府收入,是未来碳交易分配制度的必然选择。综上所述,每种分配方法都有其自身的优势和劣势,有各自的适用条件(见表 3.1)。

只采用某一种分配方法进行配额分配,很多时候不能很好地达成政策设计的初衷。从国内外实践的结果来看,配额的发放模式大都遵循无偿分配模式逐步向有偿分配模式过渡的规律,并呈现出单一无偿分配方式、无偿为主有偿为辅、有偿为主无偿为补允的发展脉络(潘晓滨,2017)。因此,大多数交易体系采用的是有偿无偿混合模式,混合模式可以分为渐进混合模式和同步混合模式,前者指纵向上无偿分配方法向有偿分配方法过渡过程中的混合,后者指横向上不同行业采取不同的分配方法的混合。混合的分配方法根据碳市场的发展阶段,通过不同方法

表 3.1　配额分配方法适用条件比较

分配方法	适用条件						
	适用阶段	方法复杂性	资源配置效率	新旧企业一致性	先期减排奖励	引发碳泄漏	政府收入
祖父法	交易实行初期	简单	低	不一致	否	否	无
基准法	交易实行一段时间后，分行业使用	基准复杂，分配简单	低	一致	是	否	无
固定价格法	交易实行一段时间后，暂时性使用	定价复杂，分配简单	较高	一致	是	是	有
拍卖法	交易实行一段时间后，渐进使用	简单	高	一致	是	是	有

组合的形式进行初始配额分配，可以最大程度上发挥方法优势，弱化政策缺陷。

3.4.2　配额分配方法经济效应比较

不同的配额分配方法会产生不同的经济效应，对企业成本、产品价格、政府收入、消费者负担等产生经济影响（Ma et al，2014；Zhang Y J et al，2015）。我们选择免费分配法、拍卖分配法和混合分配法三种分配方法进行比较。从实践来看，这三种方法也是碳交易机制运行中最常用的方法。首先，我们假定碳排放权初始配额交易市场是一个完全竞争的市场，碳价格是有效的。在不存在碳排放权初始配额交易时，产品需求曲线 D 和供给曲线 S 相交于 E 点，此时的产品价格 P 和产量 Q 就是无交易时的市场均衡价格和均衡产量，E 点即市场均衡点（见图 3.1）。

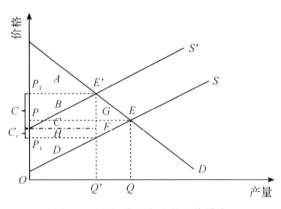

图 3.1　配额分配方法的经济效应

在实行总量控制的碳交易政策条件下,我们假定碳市场是有效的。如图 3.2 所示,假设市场上两个减排主体 A 和 B,减排成本分别为 MAC_a 和 MAC_b,总减排目标是 OO',A 和 B 企业都会根据自己的减排成本进行理性决策,分别完成 OQ 和 $O'Q$,从而使总体减排成本 OEO' 最小,这就是碳交易实现的成本有效性。因此,无论政府如何分配配额,碳市场配额价格 P 都会引导企业调动一切减排资源进行减排,直到所有企业的边际减排成本等于交易价格,这种成本我们称之为减排成本(C_r)。除了减排成本,实行碳交易后,企业生产的每一个产品都需要碳配额,这部分成本称为配额成本(C_e)。因此,在碳市场有效的情况下,由于成本增加,企业的供给曲线会上移至 S',P_1P_2 即为 C_r+C_e(见图 3.1)。

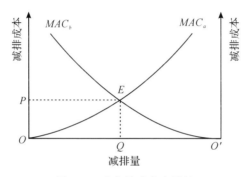

图 3.2　碳交易成本有效性

(1)免费法分配

在免费分配的条件下,所有企业获得免费发放的碳排放权初始配额。如图 3.1 所示,在没有碳交易情况下,即在市场均衡点 E 时,生产者剩余是面积 $D+C+H+F$,消费者剩余是面积 $A+B+G$。当免费分配(即在新的均衡点 E' 时),生产者剩余是面积 D,消费者剩余是面积 A,这样生产者剩余减少了面积 $C+H+F$,消费者剩余减少了面积 $B+G$。因为企业免费获得配额,所以面积 $B+C$ 是政府发放的配额隐形租金,全部由企业获得。综上所述,对于企业来说其收益变化就是面积 $B+C-(C+F+H)=B-F-H$。因此,只要 $B-F-H$ 为正值(一般情况下均为正值,除非 C_r 远大于 C_e,但这不符合企业的理性决策),企业在免费分配碳排放权初始配额时就可以增加收益,而消费者福利减少。

对于免费分配法所产生的这部分"意外之财"(windfall profits),政策制定者和学界都是有所担忧的:在某些情况下,免费分配被认为会给某些减排企业带来暴利。这是由于企业会把成本转嫁给消费者,转嫁的难易程度与产品的需求弹性相关,需求弹性越小,越容易转嫁。欧盟碳排放交易计划第一阶段主要采用免费分配,但许多发电企业提高了电价,因为他们预期监管合规成本会提高。然而这些成本增加的结果比预期的要小得多,但是发电企业把剩余的资金塞进了口袋,导致数十亿美元电费从消费者转移到了发电企业(Robin et al.,2006;Sijm,2006)。

(2)拍卖法分配

若全部采用拍卖法进行配额分配,我们假定不存在任何市场势力影响拍卖,即假定拍卖结果是有效的。这种情况下,生产者剩余减少了面积 $C+H+F$,消费者剩余减少了面积 $B+G$(见图 3.2)。在 100% 拍卖法的分配方式下,参与主体必须通过竞拍方式才能获取所有碳排放权初始配额,即成本 C_e 也全部由企业承担。因此,面积 $B+C$ 这部分收入由政府获得。任何时候,政府为了提供公共服务,都是需要资金的,但也可能是为了哲学上的公平正义,公众应该从出售公共资产中获得收益(Huber,2013)。拍卖资金可以用于各种用途,但在排放权交易背景下,政府一般会倾向于用这些资金支持碳排放计划、环境保护以及生态建设。例如,当能源部门受到监管和预期税率会上升时,收入可返还给纳税人,用于抵消低收入能源客户增加的税收,或用于降低整体能源需求和使用,提高能源效率的投资(Goulder et al.,1997)。

但是,一些学者对面积 $B+C$ 这部分拍卖收入的益处表示怀疑,认为我们不能假定政府能够做出最佳投资收益决策(Hahn,2009)。虽然大多数学者都同意拍卖法和祖父法的一般影响,但他们不同意这些影响的预期幅度及其政策意义。人们对拍卖的评估必然会受到人们对其收益和危害的重视的影响(Woerdman et al,2010),因此,政府如何有效利用这部分收入,以及如何客观评价收入使用绩效,这是拍卖法所带来的难题。

(3)混合法分配

在现实中,混合法是最常被使用的分配方法,配额中部分通过免费发放,部分通过拍卖方式发放。根据上述分析,企业收益增加的是面积 $(B+C)-(C+F+H)$(见图 3.2)。因此,只要碳排放权配额租金 $B+C$ 大于企业生产者剩余的损失 $C+F+H$,就可以通过部分免费分配对企业损失进行补偿,而剩余配额通过拍卖进行分配,即面积 B 中部分进行免费分配,用于补偿面积 $F+H$ 的损失。免费分配用于补偿企业的成本损失的配额数量取决于企业可以多大程度上将成本转移到消费者身上(李凯杰等,2012)。在供给曲线不变的情况下,企业可以转移到消费者身上的成本直接和企业的需求弹性有关,比如电力等行业,消费者需求弹性极小,就可以在很大程度上甚至 100% 实现成本转移,因此,电力行业应该实行拍卖分配。

我们还可以从图 3.2 中看到，如果配额总量控制很松，即要求企业减排的程度较低，那么面积 B 就会远远大于面积 $F+H$，此时，只需要用较少的配额进行免费分配就足以维持企业初始利润。反之，如果配额总量控制很严格，企业承受的减排压力较大，需要投入较大减排成本，这种情况下应该使用较多的配额免费分配，以平衡企业收益，避免其竞争力被削弱。欧盟第一阶段配额总量很宽松，企业减排成本较低，同时又实行免费分配，因此 $B-(F+H)$ 的值非常大，某些企业的"意外之财"非常可观。但不管免费分配的比例如何，对消费者而言，福利都是损失的。

3.4.3　配额分配方法创新

尽管拍卖法在提高市场运行效率、提升价格发现功能、促进配额分配公平透明、提高政府收入等方面都有其优势，也是未来配额分配方法的发展方向，但是就现阶段而言，并在未来较长一段时间内，我国仍然应采用免费分配为主、拍卖分配为辅的分配方法，并且要根据我国实际，不断创新分配方法。

首先，这是由我国经济发展阶段决定的。作为发展中国家，我国目前的首要任务仍然是发展经济。实行拍卖法等有偿的配额分配方法无疑将增加企业成本，尽管企业会将部分成本转嫁给消费者，但减排成本、交易成本等的增加都会削弱企业竞争力，从而有可能造成产业转移，导致产能流失。而实行免费分配，能给部分低碳程度较高的企业带来额外的收益，进一步促进企业投资，带动经济发展，对参与国际竞争的企业更是一种支持和保护，可以有效提高其国际竞争力。

其次，这是由碳交易政策实施阶段决定的。尽管我国于 2013 年开始启动七个碳交易试点，并于 2021 年 7 月启动发电行业的统一碳市场，但是，严格来讲，我国目前仍处于碳交易政策实施的初级阶段，企业对碳交易的认知不足，低碳意识不强，基础能力建设相对薄弱。免费分配可以有效提高企业对碳交易政策的认同，减小政策推行的阻力。

从国外的实践和理论分析可以看出，拍卖法是未来发展的趋势，最终要实现配额的全部拍卖。因此，我国在制定配额分配办法的过程中，要不断加大拍卖配额的比例，逐渐向完全拍卖过渡。同时，在免费分配的方法中，要根据行业特性和数据基础条件，优先选择基准法进行配额分配，有效解决"鞭打快牛"的问题。在祖父法的选取中，可以多使用历史强度法，有效解决经济波动带来的产量变化问题。当然，这些配额分配方法都来源于欧美等发达国家和地区的实践，在我国以转型经济为主的国情中，还需要不断创新和发展。

3.5　研究结论与建议

3.5.1　研究结论

本章在简要阐述配额分配责任原则、公平原则、效率原则和能力原则的基础上，分析碳排放权初始配额总量设定和分配层次，对祖父法、基准法和拍卖法进行了详细探讨，在此基础上对配额分配方法的适用条件和经济效应进行了比较分析。

①"自下而上"和"自上而下"的分配路径体现的是配额分配的权力归属不同，前者把分配的权力下放给地区，而后者把分配权集中在中央。前者能够充分体现区域特色和区域发展需求，后者更利于明确减排目标并严格控制配额总量。单层和多层分配模式适用于不同的环境和条件，前者适合分配对象覆盖行业部门较为单一且纳入企业数量较少的省域，而后者更适合分配对象覆盖多个省域和行业部门的地区。通过分析，本章提出我国分配路径和分配层次的选择。

②基于滚动基准年的祖父法模型可以发现，对滚动基准年的历史法进行方法创新，能够同时满足公平性、效率性和环境有效性。基于滚动基期产出的标杆法，能够对企业形成补贴，激励企业进行生产。本章通过对多主体配额排放模型的研究发现，企业的出价主要受到两个因素的影响，即配额对于企业的私有价值和企业的风险偏好。

③祖父法、基准法、拍卖法和固定价格法四种基本配额分配方法在适用阶段、方法复杂性、资源配置效率、新旧企业一致性、先期减排奖励、引发碳泄漏风险、政府收入等方面都存在差异。进一步对免费分配法、拍卖分配法和混合分配法三种分配方法进行经济效应比较后发现，三种方法对企业成本、产品价格、政府收入、消费者负担等方面都存在不同经济影响。免费分配为主的配额分配方法的选择，是由我国经济发展阶段和碳交易政策实施阶段所共同决定的，但在发展的过程中，要不断提高拍卖比例，同时要根据我国国情，创新和发展分配方法，优化方法组合。

3.5.2　对策建议

(1)强化配额总量顶层设计，实现碳排放总量控制

总量控制目标是碳交易的前提，只有科学、合理设定配额分配总量，才能确保

碳排放权的稀缺性,从而形成有效的碳市场。从欧盟和国际上已建成的碳市场的经验来看,他们经历的失败都和总量设定不合理有关,由于总量设定过松,实际碳排放总量远低于市场预先设定的总量,导致了碳市场配额过度剩余,碳价格低迷。欧盟碳市场初期总量设定过松的一个重要原因就是对宏观经济波动性的预期不足,这导致其对覆盖行业未来的增长率预期过高,远远超过了后来实际的增长率。除了经济环境的不确定性之外,政策环境的不确定性,如可再生能源政策、CDM、清洁生产政策措施等也会对碳排放的削减效果产生影响,从而导致过度分配。

总量目标可以分为两种,即绝对量目标和相对量目标。与欧盟等国家和地区成熟的经济发展阶段不同,我国尚处在工业化的中后期,经济仍处于中高速发展阶段,在碳排放控制目标的设置上,仍然应选择相对量目标,侧重于强度控制目标,这种方式可以在现阶段减少由于碳交易对我国经济的发展所带来的抑制作用。但我国承诺在 2030 年达到碳排放峰值,由此,从国家政策来看,我国应实行"自上而下"的总量控制方式,在 2020 年之前由 40%~45% 的强度目标确定总量目标,在 2020—2030 年由强度目标阶段进入总量和强度双控阶段。

尽管现阶段我国仍然以强度目标来确定总量控制目标,但是国家和地方要积极探索,加强宏观层面的能源消费总量和碳排放总量的研究与设计。要在充分考虑经济不确定性的同时,科学评估政策不确定性,有效评估碳交易政策与能效政策、可再生能源发展政策,以及大气污染防治政策的协同效应,并在总量设定时加以体现。面对很多的不确定性,总量设定应遵循"适度从紧""循序渐进""动态调整"的原则,做好顶层设计,以确保国家碳市场发挥作用。在碳交易体系建设的初期应设立偏紧的配额总量,国家预留部分比例配额,在经济发展过程中,再根据实际经济形势做出适当调整,进行年中配额总量评估,决定年度增加或者减少的配额量,或者可以设定碳价底线(floor),低于底线就启动配额总量评估调整程序。

(2)优化配额分配方法组合,降低社会减排成本

不同的配额分配方法具有不同的适用环境和经济效应。因此,要充分认识到不同配额分配方法的特点,分阶段、分领域、分行业打好分配方法的"组合拳",发挥方法组合优势,弱化单一方法的缺陷,同时不断加大拍卖法的比重,积极探索具有我国特色、符合我国国情的配额分配方法。从国际经验和国内七个试点的实践看,碳交易体系建设初期一般采用全部配额免费分配或绝大部分免费分配,之后不断增加拍卖在配额分配中的比重的路径。我国尚处于碳交易政策的初期,因此,现阶段以免费分配方法为主。欧盟等交易体系的配额免费分配方法主要是历史总量下降法和基于历史产量的基准法,这两种方法适用于产量相对稳定的成熟经济体的企业。我国经济还处在中高速发展阶段，很多企业的产量年度变化很大，因此，经过碳交易试点的实践，我国发展出了两种符合国情的配额免费分配方法：一种是基于当年实际产量的行业基准法，另一种是基于当年实际产量的企业历史强度下降法。这两种方法很好地克服了分配方法的问题（张希良等，2017）。

在采用免费法分配时，要谨慎制定行业基准和各类调节系数。理论上，最合理的基准线应该是产品基准线，应按照每个产品基准线进行配额发放。但在实践中，由于复杂的生产工艺、复杂的产品类型，往往很难做到完全"一品一线"。我国目前仅在发电（含热电联产）等少数行业采用基准线法。国家根据压力、机组容量和燃料类型划分出常规燃煤机组、循环流化床锅炉（CFB）和整体煤气化联合循环发电（IGCC）机组和燃气机组三大类共 11 个小类来设定基准。这种方法符合我国当前的生产实际，适合于政策初期，但并没有起到基准线法协助淘汰落后产能、促进低碳投资、推动供给侧结构性改革的作用。同时，基准线的变动期限也是一个难题，固定基期还是按照固定年份变动基准，这对企业和投资者具有很大的不确定性，不利于行业发展和企业减排行动。当前我国各试点地区的配额分配方案设定了种类繁多的调节系数和修正系数，这虽然有一定的合理性，但在全国统一市场中，应该尽量减少此类调节系数的运用，减少地区和企业与政府讨价还价的空间，同时保证分配方法的公平公正。

随着我国碳市场的逐步发展和日趋成熟，增加配额拍卖比例是未来的发展趋势。拍卖法具有价格发现和改进发达与欠发达地区之间公平性的功能，但是在采用拍卖法时，要考虑到拍卖法对贸易敏感部门的影响，例如钢铁、化工行业，会存在将生产向国外转移，从而影响本国产业的竞争力和产生碳泄漏的情况。我国碳市场覆盖的行业多为贸易敏感的工业部门，因此，我国应积极研究和适时引入适合我国特点的配额拍卖分配方法。同时，我国还应科学测算并规划使用好政府拍卖所得收入，明确收入使用方向，注重对欠发达地区、新能源技术发展和绿色低碳改造的补贴和投资。同时，应该将配额拍卖所得收入适度返还给消费者，以减轻碳排放交易机制对消费者福利造成的负面影响。

第4章 基于公平和效率的省域间 碳排放权初始配额分配研究

气候资源是全球公共物品,应对气候变化是全人类的基本共识和集体行动。随着《巴黎协定》于 2016 年 11 月 4 日正式生效,中国以大国的责任和担当在应对全球气候变化、减少碳排放中发挥积极作用。同时,我国面临着如何让 31 个省区市在应对气候变化、节能减碳方面发挥责任性、主动性、创造性,并运用行政手段和市场机制在各省域间科学、合理、有效地约束和分配作为公共资源的碳排放权的问题,这既是绿色低碳发展中的重大制度性安排,又是构建国内统一碳排放交易市场的客观要求。因此,省域间碳排放权初始配额分配研究,不仅具有理论价值,而且具有现实意义。

4.1 碳排放权:从免费的公共资源到稀缺的发展权利

碳排放权是人类对一定数量的大气环境资源和容量的一种使用权(杨泽伟,2011)。碳排放权,是一种权利,更是一种责任。自 1992 年《公约》签署以来,气候变化受到了各国关注。2014 年 IPCC 第五次评估报告表明,气候变化将会对人类和生态系统造成严重、普遍和不可逆转的影响,温室气体排放(碳排放)将受到总量限制。因此,碳排放权过去作为无约束的公共资源——已变成了与生存权和发展权密切相关的稀缺资源,受到了各方的关注,尤其是如何科学地界定和公平地分配碳排放权已成为学界、商界、政界以及公众关注的热点问题。

4.1.1 《京都议定书》是基于历史碳排放评估的公平性制度安排

工业革命至今 200 多年来,发达国家的二氧化碳排放量占全球排放总量的 80%,而发展中国家近几十年才开始工业化,还有大量人口处于绝对贫困状态,其碳排放主要是生存排放和国际转移排放。《京都议定书》遵循《公约》制定的"共同但有区别的责任"原则，要求作为历史累计温室气体排放大户的发达国家采取具体措施限制温室气体的排放，而发展中国家不承担有法律约束力的温室气体限控义务。碳排放权分配的公平性最早体现的是一种国际公平，即以国家为单位来公平地分配碳排放权。"共同但有区别的责任"原则就是典型的国际公平，区分了发达国家和发展中国家的国家碳排放总量。公约附件一缔约方（主要是发达国家）在 2008—2012 年碳排放量平均比 1990 年至少减少 5.2%，而非附件一缔约方（主要是发展中国家）考虑到经济和社会发展及消除贫困是目前首要和压倒一切的优先事项，暂不承担减排义务。《京都议定书》架构了发达国家与发展中国家碳减排的国际合作机制，是一种基于历史碳排放评估的公平性制度安排，充分考虑了发达国家与发展中国家经济发展阶段的不同、累计碳排放的差异、技术水平的差距，从"共同但有区别的责任"原则出发，公平制定了国际履约协议，受到了发展中国家的认可。

4.1.2 《巴黎协定》是基于共同责任的公平性制度安排

2015 年底第 21 届联合国气候变化大会结束时，已有 184 个国家提交了应对气候变化的"国家自主贡献"文件，涵盖全球碳排放量的 97.9%，并通过了《巴黎协定》。《巴黎协定》是基于共同责任的公平性制度安排，尽管没有规定量化减排目标，但也充分考虑了各国的诉求。从国际公平到人际公平，从历史公平到当期公平，从责任公平到能力公平，《巴黎协定》充分体现了"共同但有区别的责任"原则。不论是发达国家，还是发展中国家，都可根据自己的国情和能力，以自主贡献的方式参与全球应对气候变化的行动。《巴黎协定》特别强调了发达国家带头减排，承担历史责任，为发展中国家提供资金、技术和能力提升等方面的支持，帮助发展中国家减缓和适应气候变化，体现了全球共同承担全球气候治理的责任。从人类发展的角度看，《巴黎协定》明确了公平性原则，有助于构建人类发展的命运共同体。

4.1.3 探索我国省域碳排放权初始配额分配制度是低碳发展的有效路径

我国一直重视应对气候变化的国际责任。作为最早制定应对气候变化国家方案的发展中国家，我国一直倡导建立公平合理的全球气候治理体系。环境资源是全球公共物品，应对气候变化需要全人类集体行动。2013 年，我国开启了碳交易元年，全国七个省市陆续推进碳排放权交易的试点工作，为以后在全国推行统一碳排放权交易市场积累经验。碳排放权交易市场可以有效促进各省市企业走绿色低碳发展的道路,在保持经济增长的同时,降低碳排放强度,助力实现节能减排、低碳发展的目标。碳排放权初始配额分配制度是碳排放权交易市场有效开展的前提,而如何公平分配碳排放权初始配额就显得尤为重要。我国已建立全国统一碳排放权交易市场,但如何从排放量化指标的行政化分配,转向以总量控制为目标,科学、合理、公平地在省域间进行初始配额分配,仍然是一个尚未解决的难题。

4.2　省域间碳排放权初始配额公平分配影响因素

4.2.1　人口规模:人际公平因素

每个国家人口基数和发展程度不同,导致各国间不仅碳排放总量存在差异,而且人均碳排放也存在较大差异(见图 4.1)。Heil 等(1997)、Duro 等(2006)分别利用基尼(Gini)系数和泰尔(Theil)指数方法测度了国家间人均碳排放的不公平性,因此建立在国家碳排放总量基础上的国际公平会导致人与人个体之间的不公平。于是,王文军等(2012)提出了根据国家的人口总数来平均分配碳排放权,坚持各个国家的人均碳排放在未来达到趋同的方案。国内学者提出全球未来碳排放权"两个趋同"的分配方法,用"人均排放趋同"和"人均累积排放趋同"的方法来进行分配,认为该方法能给发展中国家应有的发展空间以实现工业化(陈文颖等,

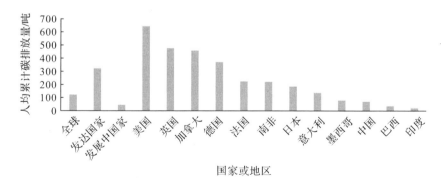

图 4.1　1850—2014 年全球人均累计碳排放

(数据来源:世界银行公开数据库)

2005)，符合公平、"共同但有区别的责任"，以及可持续发展的原则。以人均碳排放指标来进行碳排放权分配建立在个体对大气容量使用权益相等的基础上，反映出人际公平的原则，得到了发展中国家和部分发达国家的认同。

在考虑人口规模因素的前提下对我国区域间碳排放权初始配额进行分配，使每个人对公共资源都享有同等的权利，体现了人际公平的原则。我国在建设全国统一碳排放权交易市场的过程中，对各省份碳排放权初始配额进行分配时，也需要考虑每个人所享有的公平的碳排放权。我国人口分布极不均匀，各省份的人口数量差异很大[①]（见图 4.2）。同时，东部沿海和西部地区由于发展水平不同而形成经济差异[②]。目前，我国呈现出大量的人口流向长三角、珠三角和京津地区的现象，人口的变化影响了能源消耗总量，从而对二氧化碳排放造成影响。有研究表明，30% 的二氧化碳排放与居民的消费方式有关（Wei et al.，2007），其中 15～64 岁人口占城市总人口的比例越大，碳排放量就越多（宋杰鲲等，2010）。广东由于现代工业的发展，已经成为我国人口第一大省，而大量人口也会加大对能源的需求。因此，人口规模是公平分配区域间碳排放权初始配额的一个重要影响因素。

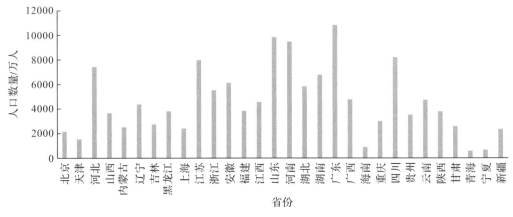

图 4.2　2015 年各省份人口数量

---

①由于西藏、香港、澳门、台湾的碳排放数据难以获取，第 4～6 章的研究仅针对我国其余省份。

②参考国家统计局的划分，东部地区包括北京、天津、河北、辽宁、上海、江苏、浙江、福建、山东、广东、海南 11 个省份；中部地区包括山西、吉林、黑龙江、安徽、江西、河南、湖北、湖南 8 个省份；西部地区包括内蒙古、广西、重庆、四川、贵州、云南、西藏、陕西、甘肃、青海、宁夏、新疆 12 个省份。第 4～5 章均按此表述。

4.2.2　经济规模:发展阶段因素

经济规模可以反映一个地区的经济表现及它的综合实力。研究显示,工业化水平越高的地区,其经济能力越强,人均收入越高,相应地造成的碳排放也越多(Cantore,2011)。反过来说,这样的地区减排经济能力也很强,有充裕的资金,能够引进和研发高水平的减排技术和优化能源经济结构。另一方面,地区的经济水平提升会增强它对环境产品的支付能力和支付意愿;经济发展水平较低的地区优先考虑的是实现经济发展,提升经济总量,在短期内无法兼顾发展愿景和碳减排目标。

我国各省份的经济发展极不平衡,东南沿海和中西部内陆地区之间的差距较大,广东、江苏、山东、浙江等省份的 GDP 总量在全国名列前茅,天津、北京、上海等省份的人均 GDP 在全国遥遥领先。不同的经济规模体现了不同的发展阶段,各个地区所处的发展阶段不同,就会有不同的发展愿景,从而极大地影响能源的需求以及碳排放。脱钩(decoupling)在物理学中表示两个物理量之间不同的变化趋势(吴洋等,2014),如果把脱钩理论用于说明二氧化碳排放与 GDP 变动的关系,则经济增长速度高于碳排放增长速度,称为相对脱钩;如果经济稳定增长而碳排放量反而减少,称为绝对脱钩。有研究发现,在我国北京、上海等经济发达、科技领先的省份,碳排放量与经济增长相关性较弱(王铮等,2008),但还没有达到绝对脱钩状态。我国大部分省份如果没有行政手段的干预,二氧化碳排放量是随着经济的增长而增加的(王琛,2009)。甚至有研究发现,人均 GDP 的增加已经成为人均二氧化碳排放增加的主要原因(于雪霞,2015)。因此,经济规模对省域间碳排放权初始配额公平分配具有较大的影响。

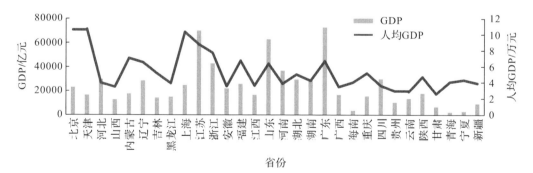

图 4.3　2015 年各省份 GDP 总量和人均 GDP

(数据来源:《中国统计年鉴 2016》)

4.2.3 历史排放:历史责任因素

在全球升温控制的压力下,大气环境的温室气体排放容量是有限的,过去排到大气中的温室气体越多,留给后人排放的空间就越小。美国橡树岭国家实验室二氧化碳信息分析中心提供的数据表明,全球1860—1990年的二氧化碳累计排放量中附件一缔约方的累计排放量占全球总排放量高达78.48%,非附件一缔约方所占不足22%。这数据足以说明发达国家是碳排放的主要贡献者,发展中国家只是因为近年经济发展加快,碳排放才有所增加。碳排放的历史责任不容忽视,这是一个公平性原则。因此,各国在考虑国际减排责任时,除了要考虑当前的碳排放,还需要追溯历史累积碳排放,考虑历史责任,才能公平分配碳排放权初始配额。

从这个意义上讲,经济率先发展的地区挤占了后发展地区的排放空间。宋德勇等(2013)证明了这一观点,他们发现我国碳排放空间分配总体上较为均衡,但是偏差系数差异较大,这说明发达地区挤占了欠发达地区的碳排放空间。Pan等(2009)通过全球变暖代际公平指数,以10年为一代,计算了1980—2000年碳排放的增加情况,结果也表明碳排放代际不公平现象是十分明显的。基于以上研究,王万军等(2016)就以历史责任和个体平等作为公平性原则,对我国产业系统碳排放权初始配额进行了研究。王文举等(2015)进一步提出了基于人际平等原则和历史责任原则的方案与基于经济发展和历史责任原则的方案,全面地反映公平的核心观点。基于历史责任的公平性,历史累积碳排放量较多的省份应该承担更大的减排责任(各省份2013—2015年平均碳排放量见图4.4)。

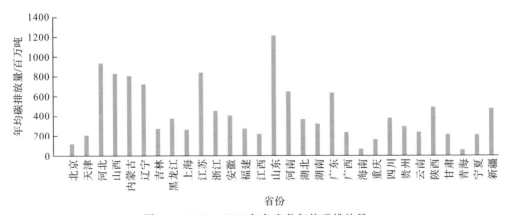

图 4.4　2013—2015 年各省份年均碳排放量

(数据来源:根据《中国能源统计年鉴 2016》中各省份能耗数据计算所得)

4.2.4　能耗水平与技术：减排成本因素

从经济学的角度,假设碳市场是完全竞争的市场,那么参加碳交易的每个地区的边际收益(碳价格)应该等于边际成本,因此,Bohm 等(1994)研究欧盟碳市场后认为,最基本的公平是各国家(地区)的二氧化碳减排边际成本相等,这种状态下社会整体福利损失最小。我国各省份碳排放强度和减排潜力不尽相同,因此各省份减排边际成本存在较大差异。李陶等(2010)基于我国各省份的碳排放强度建立减排成本估计模型后发现,单因素考虑减排成本最小的原则,会使减排成本较低的省份(碳排放强度高)承担更多的减排任务。刘明磊等(2011)的研究也指出,我国各省份二氧化碳边际减排成本存在一定的差异,碳排放强度较低的地区通常要付出较高的经济成本。

能耗水平是反映能源消费水平和节能降耗状况的一个重要指标,它反映一个地区的能源利用效率。目前,全国各省份单位 GDP 能耗极不平衡,北京、上海、江苏、浙江、广东等省份的单位 GDP 能耗较低,而山西、内蒙古、贵州等省份却远高于全国平均水平(见图 4.5)。单位 GDP 能耗较高的省份,其二氧化碳排放强度较高,具有相对较大的二氧化碳减排潜力,因此其单位减排成本也相对较低。"十二五"时期,全国非化石能源和天然气消费比重分别有所提高,煤炭消费比重不断下降,能源清洁化步伐不断加快,但是,化石能源仍然占较大的比重,尤其是中西部地区。我国中西部地区的节能减排技术水平、能源利用水平较全国平均水平落后,通过技术引进和技术创新,提高这些地区的能源利用效率,降低能耗强度,可以有效抑制二氧化碳排放增长,充分挖掘这些地区的节能减排潜力。

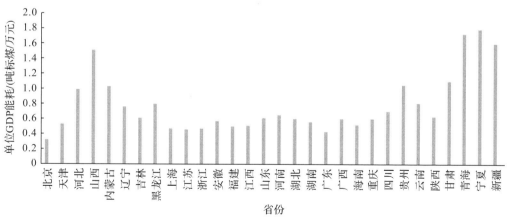

图 4.5　2015 年各省份单位 GDP 能耗

4.2.5 产业结构与能源结构:当期责任因素

产业结构和能源结构是影响当期碳排放的一个重要而直接的因素。第二产业比重高、化石能源消耗量大的地区,碳排放量相对较高。胡初枝等(2008)定量分析了我国 1990—2005 年经济规模、产业结构和单位 GDP 碳排放量对碳排放的贡献,结果显示,调整产业结构对碳排放具有一定的减量效应。根据统计年鉴数据,我国各省份工业化进程处在不同的阶段,产业结构差异明显。Wei 等(2015)认为各省份的潜在碳减排的差异源于不同的产业结构能源成分和程度贸易的开放性。如北京、上海第三产业占比已超 60%,其碳排放量远低于河北、山东。李艳梅等(2010)利用因素分解法把经济总量、产业结构和单位 GDP 碳排放量作为影响碳排放总量变动的因素,结果同样发现经济总量变化和产业结构变化会导致碳排放总量变化。王迪等(2012)利用泰尔熵与 Kaya 因子分解对碳排放区域不公平进行研究,探索我国东部、中部、西部不同地区碳排放不公平的原因,发现东部在于经济差距,中部在于能源强度与产业结构,西部在于经济差距和产业结构。

自改革开放以来,我国工业化进程不断加快,近年来,产业结构不断优化升级。但是,我国各省份的工业化进程存在明显差异,产业结构调整困难重重。从我国 31 个省区市的第一、二、三产业的比重看(见表 4.1),可以发现我国第三产业比重仍然较低,而单位 GDP 能耗较高的第二产业所占份额较高,很多省份超过50%。同时,产业结构变化是影响碳排放总量的一个因素,受资源禀赋和历史发展的影响,以能源密集型工业为主要特征的产业结构的地区,比如我国的辽中南重工业基地、京津唐综合工业基地等,其碳排放强度明显高于沪宁杭、珠江三角洲等以轻工业为主的地区。

表 4.1 2015 年 31 个省区市三产占比情况(单位:%)

省区市	第一产业占比	第二产业占比	第三产业占比
北京	0.6	19.7	79.7
天津	1.3	46.5	52.2
河北	11.5	48.3	40.2
山西	6.1	40.7	53.2
内蒙古	9.1	50.5	40.4
辽宁	8.3	45.5	46.2

续表

省区市	第一产业占比	第二产业占比	第三产业占比
吉林	11.4	49.8	38.8
黑龙江	17.5	31.8	50.7
上海	0.4	31.8	67.8
江苏	5.7	45.7	48.6
浙江	4.3	46.0	49.7
安徽	11.2	49.7	39.1
福建	8.2	50.3	41.5
江西	10.6	50.3	39.1
山东	7.9	46.8	45.3
河南	11.4	48.4	40.2
湖北	11.2	45.7	43.1
湖南	11.5	44.3	44.2
广东	4.6	44.8	50.6
广西	15.3	45.9	38.8
海南	23.1	23.6	53.3
重庆	7.3	45.0	47.7
四川	12.2	44.1	43.7
贵州	15.6	39.5	44.9
云南	15.1	39.8	45.1
西藏	9.6	36.6	53.8
陕西	8.9	50.4	40.7
甘肃	14.1	36.7	49.2
青海	8.6	50.0	41.4
宁夏	8.2	47.4	44.4
新疆	16.7	38.6	44.7
合计	8.4	44.4	47.2

受能源赋存以及资金和技术的限制，2005—2015 年期间我国的能源结构虽然有一些变化，但是仍然以煤炭为主（2015 年各省份主要能源消费量见图 4.6）。其他清洁能源如天然气、风能、水能、核电等只占了很小的比重，且这些能源不具有全国性，如天然气资源主要集中在西部地区。高碳能源结构导致了较高的二氧化碳排放量。因此，《能源发展"十三五"规划》提出了优化建设山西、鄂尔多斯盆地、内蒙古东部地区、西南地区和新疆五大国家综合能源基地，将风能、太阳能、水能、煤炭、天然气等资源组合互补，因地制宜地将传统能源与风能、太阳能、生物质能、海洋能等能源协同开发利用，以此来减少碳排放量。

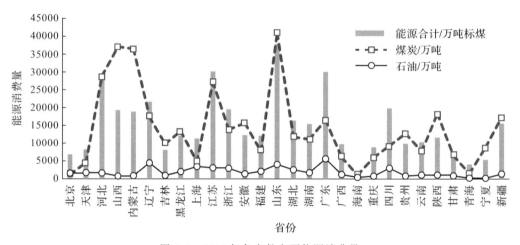

图 4.6　2015 年各省份主要能源消费量

4.3　模型建构和选取：公平分配模型和 SBM-DEA 模型

4.3.1　多因素公平模型

基于上述区域间碳排放权初始配额分配的公平影响因素分析，综合考虑我国区域间的差异性，本章根据人口、GDP、历史排放量、当期排放等变量，并将减排成本、碳排放强度作为公平影响因子（严格来讲，减排成本和碳排放强度也是效率指标，但效率在根源上仍然能反映某种程度上的公平），提出了多影响因素的公平分配模型，基于这种分配机制，地区 i 的碳排放权初始配额 C_i 为：

$$C_i = \lambda \left(\frac{P_i}{P_g} A_1 + \frac{G_i}{G_g} A_2 + \frac{E_i}{E_g} A_3 \right) \left(\frac{M_i}{M_g} B_1 + \frac{I_i}{I_g} B_2 \right) C_g \qquad (4.1)$$

其中,P_i 为地区 i 的人口数量,P_g 为全国人口总量,G_i 为地区 i 的 GDP,G_g 为全国 GDP,E_i 为近三年地区 i 碳排放量,E_g 为全国近三年碳排放总量,M_i 为地区 i 的边际减排成本,M_g 为全国平均边际减排成本,I_i 为地区 i 的碳排放强度,I_g 为全国碳排放强度。λ 为调整系数,使得最后各地区配额总量与全国碳排放总量相等。A_1,A_2,A_3,B_1,B_2 为权重系数,这里赋予上述指标相同的权重,分别取值为 $1/3$、$1/2$。

初始公平分配模型包含人口、GDP、历史排放量、边际减排成本、碳排放强度五项影响因素。以人口为依据,注重个体的排放权,体现了人际公平;以 GDP 为影响因素,注重区域发展权的公平;以历史排放量为影响因素,注重历史责任公平以及历史发展的延续性。以上三项构成公平分配模型的配额分配基数,而另两项构成公平分配模型的区域公平效率调整因子。边际减排成本从减排效率公平的角度出发,以期实现所有地区净福利的改变相等,即最终实现单位 GDP 减排成本相等而使全社会减排成本最低;碳排放强度是当期碳排放责任的体现,碳排放强度较高的地区要承担更大的减排责任。区域间碳排放权初始配额的分配需考虑影响因素,兼顾公平(区域公平分配影响因素的解读见表 4.2)。

表 4.2　区域公平分配影响因素的解读

公平分配影响因素	公平原则	解读	如何共同分担
人口规模	人际公平原则	每个人都有平等使用大气资源的权利	按照人口或者人均排放确定减排责任
GDP	经济发展水平原则	经济能力越强,承担越多	按照人均 GDP 分担减排任务
历史排放量	历史责任原则	每个国家(地区)历史排放所占的比例	按照每个国家(地区)历史排放所占的比例进行相应比例的减排
边际减排成本	减排成本原则	相同的减排成本具有一致的排放权利和减排责任	按照所有国家(地区)净福利的改变相等,比如按照单位 GDP 减排成本相等分担减排任务
碳排放强度	当期责任原则	当期排放水平决定排放责任	按照各国(地区)当期排放水平分担减排任务

4.3.2　产出导向 DEA 模型

为了兼顾分配效率,本章选择了非期望产出的 DEA(data envelopment analysis,数据包络分析)模型对公平分配方案进行优化。由于我国目前处在经济发展阶段,一方面要保证经济稳步发展,另一方面要绿色低碳地发展。本章构建了期望和非期望产出,将经济发展作为期望产出,二氧化碳作为非期望产出。在选择投入指标时,综合考虑多方面因素,分别以人力、经济、物力作为切入点,以地区人口总量作为人力投入,以边际减排成本代表财力投入,以能源消耗量代表物力投入。假设每一个地区使用 N 种投入,记 $x=(x_1,x_2,\cdots,x_n)\in R_n^+$ $(n=1,2,\cdots,N)$,生产出 M 种期望产出 $y=(y,y_2,\cdots,y_m)\in R_m^+$ $(m=1,2,\cdots,M)$,以及 I 种非期望产出 $b=(b_1,b_2,\cdots,b_i)\in R_i^+$ $(i=1,2,\cdots,I)$,生产可能性即可表示为:$T=\{(x,y,b):(x)$能产出$(y,b)\}$,$x\in R_n^+$。

产出导向的 DEA 模型测量技术效率,表示在当前技术水平下,被评价决策单元在不增加投入的条件下,寻求比例式扩张所有产出至生产边界的最优产出水平,且该水平没有超过生产边界对应的产出水平,同时所有投入均不低于生产边界投入水平。考虑坏产出的产出导向 DEA 模型可表示如下:

$$\max\beta \tag{4.2}$$

$$\text{s.t.}\quad \sum_{k=1}^{K}\lambda_k x_{kn}\leqslant x_{0n}\quad n=1,2\cdots,N \tag{4.3}$$

$$\sum_{k=1}^{K}\lambda_k y_{km}\geqslant(1+\beta)y_{0m}\quad m=1,2\cdots,M \tag{4.4}$$

$$\sum_{k=1}^{K}\lambda_k b_{ki}\geqslant(1-\beta)b_i\quad i=1,2\cdots,I \tag{4.5}$$

$$\sum_{k=1}^{k}\lambda_k=1,\lambda_k\geqslant0\quad k=1,2\cdots,K \tag{4.6}$$

其中,λ 为决策单元的线性组合系数,k 表示决策单元,β 表示在既定投入的条件下,期望产出 GDP 和二氧化碳正反向的最大扩张程度,其值越大,代表评价单元越远离前沿面,无效成分越大,效率越小,它既可以代表二氧化碳排放效率,也可以代表联合效率。效率值可定义为 $0=1-\beta$。令 $\sum_{k=1}^{K}\lambda_k=1$,表示规模报酬可变,使模型各变量取得最优解。

4.3.3　非期望产出 SBM-DEA 模型

根据 Tone(2002)提出的基于松弛变量的测度方法(slacks based measure,

SBM），非期望产出 SBM-DEA 模型可表示如下：

$$
\rho = \min \frac{1 - \dfrac{1}{m} \sum\limits_{i=1}^{m} s_i^- / x_{i0}}{1 + \dfrac{1}{s_1 + s_2}\left(\sum\limits_{r=1}^{s_1} s_r^g / y_{r0}^g + \sum\limits_{r=1}^{s_2} s_r^b / y_{r0}^b \right)} \tag{4.7}
$$

$$
\text{s.t.} \quad x_0 = X\lambda + s^-
$$

$$
y_0^g = Y^g\lambda - s^g
$$

$$
y_0^b = Y^b\lambda - s^b
$$

$$
s^- \geqslant 0, s^g \geqslant 0, s^b \geqslant 0, \lambda \geqslant 0
$$

假设每个决策单元均有 3 个投入产出向量，即投入、期望产出和非期望产出，其元素可表示成 $x \in R^m$，$y^g \in R^{s_1}$，$y^b \in R^{s_2}$，定义矩阵 X, Y^g, Y^b 如下：$X = [x_1, x_2, \cdots, x_n] \in R^{m \times n}$，$Y^g = [y_1^g, y_2^g, \cdots, y_n^g]$，$Y^b = [y_1^b, y_2^b, \cdots, y_n^b]$，其中，$x_i > 0$，$y_i^g > 0$ 和 $y_i^b > 0 (i = 1, 2, \cdots, n)$。其中，$s$ 表示投入、产出的松弛量，λ 是权重向量。目标函数 ρ 是关于 s^-, s^g, s^b 严格递减的，并且 $0 \leqslant \rho \leqslant 1$。当且仅当 $\rho = 1$，即 $s^- = 0, s^g = 0, s^b = 0$ 时特定的被评价单元是有效的。SBM-DEA 模型和传统 DEA 模型的不同之处在于把松弛变量直接放入了目标函数中，在解决了投入产出松弛性问题的同时，也解决了非期望产出存在时的效率评价问题。

为更好地考察碳排放权初始配额分配效率，对相关指标采用以下函数进行无量纲处理。设 $\max z_{ij} = x_i$，$\min z_{ij} = y_i$，其中 x_i, y_i 分别表示所有决策单元第 i 项指标的最大值和最小值，下标 j 表示第 j 项决策单元，则 z_{ij} 通过无量纲化处理后的对应值为：$z'_{ij} = 0.1 + 0.9(z_{ij} - y_i)/(x_i - y_i)$。转化后的 $z'_{ij} \in [0.1, 1]$。分别对相关指标进行无量纲处理，随后利用产出导向模型计算各省份碳排放权初始配额分配效率。

4.4　省域间配额分配实证分析

4.4.1　公平优先的配额分配结果

根据式（4.1）考虑人口、GDP、历史排放量等公平性因素获得了 2020 年各省份碳排放权初始配额分配结果（见表 4.3）。全国配额分配量最多的是广东，其他比重较大的是江苏、山东、浙江、河北、山西以及河南，占全部配额总量的48.92%。综观全国，其中大部分省份的 GDP 和人口均在全国排名靠前，历史累计碳排放量也位居全国前列。青海、海南、宁夏、甘肃由于其人口规模、经济发展水平在全国都处在末位，它们的历史排放量也很小，所以碳排放权初始配额所占比重也是最小的，四个省份总配额仅占全国总配额的 3.26%。

表 4.3　2020 年各省份碳排放权初始配额分配结果

省份	碳排放权初始配额分配结果/万吨	全国占比/%	省份	碳排放权初始配额分配结果/万吨	全国占比/%
北京	29784.71	2.69	河南	48525.15	4.38
天津	19705.61	1.78	湖北	27969.09	2.53
河北	59198.97	5.35	湖南	32950.73	2.98
山西	62631.92	5.66	广东	126873.84	11.46
内蒙古	44249.94	4.00	广西	20304.23	1.83
辽宁	42120.59	3.81	海南	2862.20	0.26
吉林	16192.96	1.46	重庆	15800.26	1.43
黑龙江	24735.96	2.23	四川	42080.65	3.80
上海	30559.14	2.76	贵州	17819.38	1.61
江苏	93499.04	8.45	云南	16210.92	1.46
浙江	61693.93	5.57	陕西	34367.18	3.11
安徽	33199.48	3.00	甘肃	15609.14	1.41
福建	30681.44	2.77	青海	2224.37	0.20
江西	21587.18	1.95	宁夏	15348.51	1.39
山东	88991.99	8.04	新疆	29021.38	2.62

通过比较各地区"十三五"规划的 GDP 目标发现，在保持经济稳步增长的同时，各地区经济发展水平存在很大的差异，经济总量呈现从东部、中部到西部逐渐递减的趋势，东部沿海地区经济总量普遍高于中部和西部地区。人口大量涌入东部沿海等经济发达地区，呈现出经济发达地区人口密集、欠发达地区人口稀少的现状。如图 4.7 所示，2020 年海南的碳排放强度最低，仅为 0.69 吨/万元，宁夏、山西、云南、甘肃的二氧化碳排放强度最高，均在 2 吨/万元左右。各省份人均二氧化碳排放量也存在较大差异，经济水平较高的省份，人均碳排放量较高，比如北京、上海、广东、江苏、浙江、天津等，人均碳排放量均在 10 吨以上，除此以外，宁夏的人均碳排放量也比较高，这是由于宁夏人口数量较少而能耗却不低。

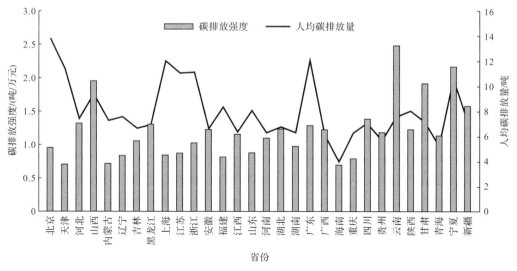

图 4.7　2020 年各省份碳排放强度和人均碳排放量对比

4.4.2　基于效率值和松弛变量的配额调整

使用非期望产出导向 SBM-DEA 模型对公平模型下的省域间碳排放权初始配额的效率进行计算,各地区效率值及排名如表 4.4 所示。从表中的数据可得,北京、天津等 13 个省份的效率值最高,均达到了 1;效率值为 0.9~<0.99 的省份是辽宁、吉林、上海、浙江、安徽、江西、湖北、广西、四川和贵州;效率值为 0.8~<0.9 的省份包括河北、黑龙江、云南和陕西;效率值低(<0.8)的省份是山西、甘肃和宁夏。30 个省份的平均效率值是 0.93。

表 4.4　各省份效率排名、CO_2 松弛变量

省份	效率值(排名)	CO_2 松弛变量	省份	效率值(排名)	CO_2 松弛变量
北京	1(1)	0	河南	1(1)	0
天津	1(1)	0	湖北	0.933223(17)	0
河北	0.845213(26)	−0.02011	湖南	1(1)	0
山西	0.661597(24)	0.02321	广东	1(1)	0
内蒙古	1(1)	0	广西	0.936166(16)	0
辽宁	0.925532(18)	−0.06245	海南	1(1)	0
吉林	0.903914(22)	−0.01875	重庆	1(1)	0

续表

省份	效率值（排名）	CO_2 松弛变量	省份	效率值（排名）	CO_2 松弛变量
黑龙江	0.840171(27)	0	四川	0.908951(21)	−0.01777
上海	0.982935(14)	−0.01058	贵州	0.910123(20)	−0.00845
江苏	1(1)	0	云南	0.84821(25)	0
浙江	0.943255(15)	−0.0637	陕西	0.80969(28)	0
安徽	0.901539(23)	−0.03778	甘肃	0.764322(30)	0
福建	1(1)	0	青海	1(1)	0
江西	0.924447(19)	0	宁夏	0.787069(29)	−0.00842
山东	1(1)	0	新疆	1(1)	0

　　松弛变量的引入常常是为了便于在更大的可行域内求解。若松弛变量为 0，则收敛到原有状态，当存在非零松弛变量时，就会高估决策单元的效率。东部、中部、南部地区都有松弛变量非 0 的省份，而要使这些省份的松弛变量为 0，需要对其配额的结果进行调整，以达到可行范围内最优解。

　　从配额调整情况来看（见表 4.5），30% 的省份需要在初次分配的基础上减少配额，增加减排量。辽宁需要最大程度地调整其排放量（高达16.09%）。其他一些省份的调整比例分别为河北 3.93%，山西 4.32%，吉林9.33%，上海3.47%，浙江 12.03%，安徽 11.67%，四川 4.58%，贵州 3.97%，宁夏4.32%。河北、江西、河南、广西等可以调整产业结构，降低工业产值的比重，以实现减排目标。上海、浙江等可以发展低碳交通，鼓励人们进行低碳生活，促进低碳发展。山西、辽宁等可以通过技术投入提高能源效率，减少 CO_2 和其他温室气体的排放。

表 4.5　SBM-DEA 模型优化后碳排放权初始配额

省份	碳排放权初始配额/万吨	减少占比	省份	碳排放权初始配额/万吨	减少占比
北京	29784.71	0	河南	48525.15	0
天津	19705.61	0	湖北	27969.09	0
河北	56870.81	3.93%	湖南	32950.73	0
山西	59920.85	4.32%	广东	126873.84	0
内蒙古	44249.94	0	广西	20304.23	0
辽宁	35342.51	16.09%	海南	2862.20	0
吉林	14681.67	9.33%	重庆	15800.26	0

续表

省份	碳排放权初始配额/万吨	减少占比	省份	碳排放权初始配额/万吨	减少占比
黑龙江	24735.96	0	四川	40152.81	4.58%
上海	29498.04	3.47%	贵州	17111.13	3.97%
江苏	93499.04	0	云南	16210.92	0
浙江	54270.99	12.03%	陕西	34367.18	0
安徽	29323.94	11.67%	甘肃	15609.14	0
福建	30681.44	0	青海	2224.37	0
江西	21587.18	0	宁夏	14684.71	4.32%
山东	88991.99	0	新疆	29021.38	0

4.4.3　配额空间区域分布特征

我国各省域发展差别较大,产业结构和能源结构各具特色,人口规模和发展阶段也各不相同。全国碳配额分配主要集中在辽宁、山东和内蒙古,以及长三角地区和南方沿海地区,而西北地区和西南地区的碳排放配额与全国其他地区相比是最少的,原因主要有:①经济总量方面,广东、江苏、山东、浙江的 GDP 排名处在全国前四;②能源结构方面,内蒙古、山西、河南等地资源禀赋,煤炭是其二氧化碳排放量的主要来源;③边际减排成本方面,广东、北京、浙江、上海的减排成本相对其他地区而言较高,而山西、内蒙古、宁夏、贵州由于目前的技术水平相对落后,很多是粗放型生产方式,相比于广东、北京等生产技术已很先进、能源利用率高的地区进行减排要容易且资金投入少。

4.5　研究结论与建议

4.5.1　研究结论

本章在分析我国省域间碳排放权初始配额分配的公平影响因素的基础上,从科学性、合理性和公平性的角度,构建省域间碳排放权初始配额分配多因素模型。并应用公平模型和 SBM-DEA 模型对我国 2020 年省域间配额分配进行实证研究,最后提出对策建议并就排放"逆向迁移"等问题进行了相关讨论。

（1）从人际公平、发展阶段、历史责任、减排成本和当期责任等因素，探讨人口规模、经济规模、历史排放、能耗水平和技术、产业结构和能源结构对省域间配额分配的影响。

（2）根据公平分配影响因素，构建包含了人口规模、GDP、历史排放量、边际减排成本、碳排放强度在内的多因素分配模型。以人口规模为依据，注重个体的排放权，体现了人际公平；以GDP为影响因素，注重区域发展权的公平；以历史排放量为影响因素，注重历史责任公平以及历史发展的延续性；边际减排成本是从减排效率公平的角度出发，以期实现所有地区净福利的改变相等，即最终实现单位GDP减排成本相等而使全社会减排成本最低；碳排放强度是当期碳排放责任的体现，碳排放强度高的地区要承担更大的减排责任。同时，在公平优先的基础上，选择了非期望产出的DEA模型进行效率优化。

（3）运用多因素分配模型和SBM-DEA模型，对我国2020年省域间配额进行计算，分配结果显示：配额量最大的六个省份是广东、江苏、山东、山西、河北和浙江，最小的六个省份是青海、海南、宁夏、吉林、甘肃和重庆。从分布区域来看，全国碳配额的量主要集中在辽宁、山东和内蒙古以及长三角地区和沿海地区，而西北地区和西南地区的碳排放量配额与全国其他地区相比是最少的。

4.5.2　对策建议

（1）注重碳配额的资本分配效应

党的十九大报告指出，中国特色社会主义进入新时代，我国社会主要矛盾已经转化为人民日益增长的美好生活需要和不平衡不充分的发展之间的矛盾。在不同的区域间分配碳排放权这一稀缺性资源，会产生显著的资本分配效应和结构调整效应，因此，碳配额是碳市场建立过程中关键、敏感和最有争议的问题。我国省份之间发展不平衡，而碳排放权初始额的免费分配，有可能会缩小这种差距，也可能会进一步加大差距。因此，在碳排放权初始配额分配过程中要实现公平优先，既考虑区域的人口规模和经济水平，也考量资源禀赋和发展阶段；既关注区域的能源结构和产业结构，又分析当期能耗水平和节能潜力等各种影响因素，从科学性、合理性和公平性的角度，实现省域间碳排放权初始配额公平分配。

国家减排目标的完成取决于各省份的减排效果。从研究结论来看，各省份要完成经济增长的目标并承担减排责任是可能的。根据经过效率优化后的配额分配量，各省份可以超额完成减排任务，预留的排放空间可以以某种形式在各省份之间进行调配，形成一个"配额池"，既可以把这些配额免费分配给欠发达地区以促进区域均衡发展,也可以通过制定有效的碳减排激励措施,将碳排放权配额分配给减排贡献度大的省份。总之,省份之间的碳排放权配额分配,要实现其区域资本分配效应,将碳排放权作为发展资源有效地分配给欠发达省份。同时,随着经济发展和技术进步,区域减排潜力和减排成本也在不断变化,因此,要科学合理设置省域配额的动态调整机制,有效避免市场碳配额过剩的状况,从而实现环境资源的优化配置。

(2)均衡区域间配额分配

碳市场建立后,碳排放权将成为一种稀缺资源,并进一步衍生出巨大的经济价值(稀缺性租金)。稀缺性租金远超过为实现减排目标需付出的直接减排成本,而在不同区域间分配这一稀缺性租金(即区域配额分配)会产生显著的财富分配效应和结构调整效应(范英等,2015)。因此,通过配额分配可能缩小区域间的发展差距,也有可能进一步拉大这种差距。我国地域辽阔,区域经济发展不平衡,区域协调发展是我国的重大发展战略之一。这就需要努力探索并科学制定区域间配额分配方案,最大程度上实现区域配额分配的公平、公正,并有效促进区域之间协调发展。

通过区域配额分配,促进区域间碳排放的平衡与趋同。碳交易会导致区域间资本、劳动和能源要素的重新布局及产业转移。近年来,随着我国经济的快速发展,一些发达地区已经将高能耗产业转移到中西部地区,以减少自身的碳排放,这种方法只能在短时间内缓解一些地区的减排压力。因此,需要进一步加强地区间的合作,探索新的产业和能源合作模式。发达地区可以向欠发达地区提供资金和技术支持,同时积极发展清洁、绿色环保的产业;欠发达地区可以通过产业转移发展本地经济,同时还能通过出售多余的配额,获得一定的发展资金。如此,充分发挥所有地区的优势,促进协调发展。

建立一个完善的全国统一碳排放权交易市场,区域之间的公平分配制度非常重要。目前,碳排放交易市场正在逐渐成为一个全国性市场,确定碳排放权利配额和初始分配模式是建立和完善碳排放交易市场的核心。在当前免费分配条件下,如果碳排放的初始分配在一些地区太多而在另一些地区过少,这会造成不公平,将对低碳发展、节能减排、产业发展、地区发展产生诸多负面影响。因此,国家应该对所有省份的历史碳排放量与相关数据进行统一的核算和审查,考虑不同省份之间的发展差异和发展特点,并结合各省份的现状和市场结构、发展潜力来确定科学、合理、公平、可持续的分配计划。

(3)关注能源和排放源"逆向迁移"

我国区域能源资源禀赋与经济发展极不均衡。当前,跨区域产业转移已经成为实现工业化与城市化的重要动力，频繁的经济往来产生了大量的碳转移（韦韬等，2017；张俊等，2017）。我国能源资源与消费呈现出能源资源丰富地区和重化工业密集区域向经济发达地区和资源短缺地区碳转移的现象。产业转移使得能耗增加，环境压力增大，给西部地区完成区域减排任务带来了极大的压力。

与此同时，由于东南沿海经济发达省份的生态质量要求和环境容量限制，各省份形成了新的能源合作模式，能源合作从输送煤炭向建煤矿建燃煤发电厂输电转变，向输送煤制天然气转变。合作模式的改变形成了清洁能源"正向输出"、排放源"逆向迁移"的特点。当跨省域能源合作出现"逆向迁移"现象时，经济发展水平低的中西部作为国家能源基地，面临着巨大的减排和生态环境的双重压力，而清洁能源输入区域减排效果显著。

各省份对碳排放负有生产者和消费者的责任，"碳转移"在各省份的碳排放配额公平分配中发挥着重要的影响。因此，为了有效推进区域协同发展与完成减排目标，全国碳市场配额分配过程中必须关注"逆向迁移"带来的碳排放量变化。要科学合理地将碳减排责任划分到各省份，充分考虑区域间的碳转移，促进省份共同减排。本章研究以公平分配为出发点，对 30 个省份的碳排放量进行了初步分配，并得到了初步的分配方案。然而，由于碳排放量的"反向迁移"是通过省域间能源合作进行的，因此定量评价和核算"逆向迁移"将在今后的研究中深化。

（4）完善碳排放核算体系

碳排放量的准确测量是碳排放交易的基础性工作。准确核算历史碳排放量，是科学设定初始配额总量、合理分配初始配额的前提和基础，不管采用何种配额分配方法，准确的碳排放量基础数据必不可少。数据质量决定了配额分配的精准程度，也决定了碳市场运行的效果，因此，完善的碳排放核算体系是碳排放权初始配额分配的基础，也是碳交易的前提。

2011 年我国发布了《省级温室气体清单编制指南（试行）》，旨在加强省级清单编制的科学性、规范性和可操作性，为各省份编制方法科学、数据透明、格式一致、结果可比的省级温室气体清单提供指导。在该文件的指导下，我国部分省份编制了从 2005 年开始每年度的温室气体排放清单，为摸清国家碳排放总量以及后续配额总量的设定提供了一定依据。但是，由于各省份的生产实际存在较大差异，该方法推荐的行业排放因子缺省值并没有体现差异性。同时，从 2005 年到 2022 年的 17 年间，某些行业的生产技术发生了较大变化，排放因子应该保持动态性和开放性，及时进行调整。

第 5 章　我国省域工业部门碳排放的时空演变格局研究

工业部门作为我国国民经济的重要组成部分和 GDP 增长的主要推动力,也是我国能源消耗和二氧化碳排放的主要领域。工业部门的温室气体排放主要来自两个方面:一是工业部门终端能源消耗排放,工业部门具有能源密集度高的特点;二是工业生产过程直接排放,包括工业原料直接排放以及能源作为生产原料的过程直接排放。《巴黎协定》签署后,应对全球气候变化的减缓行动分解为各国自主设定减排目标,因此,推进我国工业部门的碳达峰是实现国家自主贡献目标的主要路径,也是我国实现"双碳"目标的重要内容。

5.1　省域工业碳排放测算及特点

5.1.1　工业碳排放总量测算

工业各部门大多是依靠化石燃料来驱动的经济部门,而化石燃料的燃烧是温室气体增加的主要来源。据 IPCC 第五次评估报告,仅 2011 年,全球化石燃料燃烧就排放了 95 亿吨二氧化碳,占整体碳排放的主要部分。2013 年 1 月,工信部、国家发改委、科技部、财政联合制定了《工业领域应对气候变化行动方案(2012—2020 年)》。该方案指出:到 2020 年,单位工业增加值二氧化碳排放量比 2005 年下降 50% 左右,基本形成以低碳排放为特征的工业体系。根据《2006 年 IPCC 国家温室气体清单指南》,工业部门碳排放量[①]根据化石燃料的燃烧进行计算,参见

[①]本章中工业碳排放量仅指能耗排放,未将生产过程排放纳入计算。

下式：

$$CE_{ij} = AD_{ij} \times NCV_i \times CC_j \times O_{ij} \tag{5.1}$$

其中，CE_{ij} 为部门 i 的 CO_2 排放量；AD_{ij} 为相应化石燃料类型和部门的化石燃料消耗；NCV_i 为不同化石燃料的平均低位发热量；CC_j（含碳量）为第 j 种能源的含碳量；O_{ij} 为第 i 个工业部门中第 j 种能源的氧化效率，表示化石燃料燃烧过程中的氧化率。

根据 2017 年《国民经济行业分类》(GB/T 4754—2017)，本章选取了 37 个工业部门，其中采矿业 6 类，制造业 28 类，电力、热力、燃气及水生产和供应业 3 类。鉴于本章的研究不涉及细分行业的对比，因此本章对 37 个工业部门不再做细分处理。关于能源类型，本章共选取了 17 种能源类型，包括原煤、洗精煤、其他洗煤、煤砖、焦炭、焦炉煤气、其他煤气、其他焦化产品、原油、汽油、煤油、柴油、燃料油、其他石油制品、液化石油气、炼厂干气、天然气。相应的净发热值和含碳量如表5.1所示，基础数据来源于《中国能源统计年鉴》(2004—2018)。

表 5.1　化石燃料类型和相应的排放系数

类型	净发热值/(PJ/$10^4 m^3$)	含碳量/(tC/TJ)
原煤	0.21	26.32
洗精煤	0.26	26.32
其他洗煤	0.15	26.32
煤砖	0.18	26.32
焦炭	0.28	31.38
焦炉煤气	1.61	21.49
其他煤气	0.83	21.49
其他焦化产品	0.28	27.45
原油	0.43	20.08
汽油	0.44	18.90
煤油	0.44	19.60
柴油	0.43	20.20
燃料油	0.43	21.10
其他石油制品	0.51	17.20
液化石油气	0.47	20.00
炼厂干气	0.43	20.20
天然气	3.89	15.32

5.1.2　工业碳排放强度测算

碳排放强度是用来衡量一个国家或地区经济发展和碳排放量之间关系的指标。在本章中,工业碳排放强度用来衡量各地区工业发展水平和工业排放之间的关系。即工业碳排放强度用某省份某一年工业部门终端消耗的全部 CO_2 排放量与该省份当年工业增加值的比值来表示,因此,第 t 年第 j 个省份碳排放强度的计算公式如下:

$$CI_j^t = \frac{CE_j^t}{GZ_j^t}, j=1,2,3,\cdots,30, t=2003,2004,2005,\cdots,2017 \qquad (5.2)$$

其中,CI_j^t 为第 t 年第 j 个省份的工业碳排放强度;CE_j^t 是第 t 年第 j 个省份的工业 CO_2 排放量;GZ_j^t 是第 t 年第 j 个省份的单位工业增加值。其中,工业增加值的数据来源于《中国统计年鉴》(2004—2018)。

5.1.3　工业碳排放强度特征分析

图 5.1 显示的是我国 30 个省份 2003 年—2017 年的工业 CO_2 排放量和工业碳排放强度。从绝对量来看,工业 CO_2 排放总量从 2003 年的 34.9 亿吨大幅增加到 2017 年的 81.97 亿吨,年平均增长率为 6.3%,样本期内全国工业 CO_2 排放总量增加了一倍以上。而工业碳排放强度从 2003 年的 6.15 吨/万元下降到 2017 年的 2.72 吨/万元,呈逐年下降的趋势,年平均下降率为 5.7%。这表明,我国目前尚处于工业化发展阶段,我国经济的快速发展仍然以工业能源的大量消耗为基础,伴随着工业能源消费的增长,工业能源消费碳排放量呈线性增加。而碳排

图 5.1　中国工业部门 CO_2 排放量和碳排放强度(2003—2017 年)

放强度的下降则表明我国应对气候变化主要以降低碳排放强度为节能减排目标。

图 5.2 显示的是区域层面的工业 CO_2 排放量变化情况。参考国家统计局的划分,本章将 30 个省份划分为东部、中部、西部三个类型。根据测算结果,2003 年东部地区工业 CO_2 排放量为 16.816 亿吨,中部地区为 10.476 亿吨,西部地区为 7.611 亿吨。三大地区的 CO_2 排放量以东部地区为最高,中部次之,其次是西部。2017 年东部地区的 CO_2 排放量为 36.2 亿吨,中部地区为 22.1 亿吨,西部地区为 23.6 亿吨,西部地区自 2012 年起赶超中部地区。由数据可知,东部 11 个省份的总排放量占我国工业总排放量的 40% 以上,与其他地区相比,东部地区相对先进,经济水平不断提高,人口众多,能源消耗也很高。因此,它们的排放量占排放总量比重较大。从增长趋势来看,东部地区平均增长率为 5.8%,中部地区为 5.6%,西部地区为 8.6%,西部地区工业 CO_2 排放量增长最快,东部次之,中部最慢,这可能与西部地区以工业为主导的产业结构密切相关。

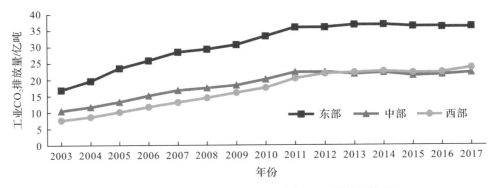

图 5.2　2003—2017 年各地区工业部门 CO_2 排放量情况

不同省份工业 CO_2 排放量呈现出较大的差异(见图 5.3)。2003 年,工业 CO_2 排放量最多的省份是河北(2.955 亿吨),其次是山东(2.916 亿吨)和江苏(2.253 亿吨);2017 年,工业 CO_2 排放量最多的省份是山东(7.046 亿吨),其次是江苏(6.659亿吨)和河北(6.480 亿吨)。可见,工业 CO_2 排放量高的省份主要为我国的重工业基地或人口稠密的省份,它们的工业排放量占总排放量的一半以上。其中,山东是最大的工业碳排放省,海南由于工业化程度低、人口少,2003—2017 年一直保持着最低的工业 CO_2 排放量。而从工业 CO_2 排放量的年均增长率来看,年均增长最快的三个省份分别是新疆(14.5%)、内蒙古(11.5%)、云南(10.6%),增长最慢的是北京(负增长),其次是上海(0.3%)。

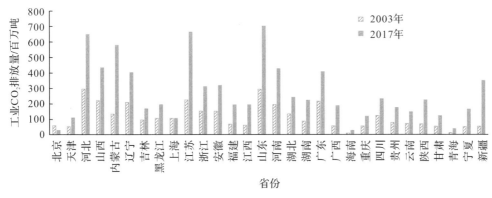

图 5.3　30 个省份工业部门 CO_2 排放量(2003—2017 年)

此外,各省份的工业碳排放强度有显著的不同。从历年的平均值来看,碳排放强度最高的省份是宁夏、贵州、内蒙古、山西、新疆,在 8.50~17.50 吨/万元,这与这些省份工业能力的显著增加有很大关系,内蒙古、宁夏拥有丰富的煤炭资源,是煤炭开采、加工和建设燃煤发电厂的综合性能源基地,而新疆、山西、贵州有重工业,居民相对较少,因此碳排放强度较高。这些省份必须采取关键的措施来降低其碳排放强度。碳排放强度最低的省份为北京和广东,分别为 1.93 吨/万元和 2.32 吨/万元。最后,就各省份工业碳排放强度的下降率而言,样本期内超过一半的省份的碳排放强度下降了 50% 以上,北京市工业碳排放强度由 2003 年的 5.54 吨/万元下降至 2017 年的 0.74 吨/万元。然而,新疆出现了相反的变化,其碳排放强度增加了 14.59%。需要特别注意的是,宁夏资源导向型的经济发展模式是其工业碳排放强度居高不下的主要原因。宁夏煤炭资源丰富,其经济增长主要依靠高能耗和能源生产,向其他省份出口大量的煤是其主要经济来源之一。

5.2　省域工业碳排放强度的空间相关性方法

5.2.1　全局空间自相关指数

为研究各省份工业领域碳排放强度时空格局的演进特征,本节采用空间自相关分析方法,用莫兰指数(Moran's I)来进行测度(埃尔霍斯特,2015),莫兰指数包含全局空间自相关与局部空间自相关两种,分别简称为全局莫兰指数和局部莫兰指数。全局莫兰指数用以反映碳排放强度的空间自相关状况，进而说明空间邻近或邻接的潜力值之间的相似程度，即：

$$I = \frac{\sum\limits_{i=1}^{n} \sum\limits_{j=1}^{n} w_{ij}(x_i - \overline{x})(x_j - \overline{x})}{s^2 \sum\limits_{i=1}^{n} \sum\limits_{j=1}^{n} w_{ij}} \tag{5.3}$$

其中，I 为莫兰指数，n 为地区总数，$n = 30$，$s^2 = \frac{1}{n} \sum\limits_{i=1}^{n} (x_i - \overline{x})^2$ 为样本方差，$\overline{x}$ 为碳排放强度的均值，x_i 和 x_j 分别表示省份 i 和 j 中的强度值；w_{ij} 为空间权重矩阵 $\boldsymbol{W}$ 中的元素，$\sum\limits_{i=1}^{n} \sum\limits_{j=1}^{n} w_{ij}$ 为所有空间权重之和，采用二进制邻接空间权重矩阵反映省份之间的邻接关系，当两个省份相邻时 $w_{ij} = 1$，反之 $w_{ij} = 0$；莫兰指数 I 取值范围为 $[-1,1]$，绝对值越大表明省域碳排放强度的空间相关性越大。若 I 为正，则省域碳排放强度存在空间正相关，若 I 为负，则负相关，若 I 为 0，则空间相关性为零。统计量 Z 用于检验莫兰指数的显著性水平，即：

$$Z(I) = \frac{I - E(I)}{\sqrt{\mathrm{Var}(I)}} \tag{5.4}$$

5.2.2　局部空间自相关指数

除全局空间自相关外，局部空间自相关也是空间统计学中探索性数据分析的重要内容。全局空间自相关仅说明整体碳排放强度存在空间关联，不能完全反映局部省份之间的空间依赖情况，因此，Anselin(1995)提出了局部莫兰指数，用来检验整体与局部空间结构不一致的情况，本节将进一步采用局部莫兰指数分析局部省份是否存在空间集聚，即：

$$I_i = \frac{x_i - \overline{x}}{s^2} \sum_{j \neq i} w_{ij}(x_j - \overline{x}) \tag{5.5}$$

其中，s^2，x_i，x_j 和 w_{ij} 与全局相关性指数含义相同。$I > 0$ 表示具有类似属性的脆弱性值聚集（高—高集聚或低—低集聚）；$I < 0$ 表示具有相异属性的强度值聚集（高—低集聚或低—高集聚）。

莫兰散点图是局部空间自相关分析中一种常见的分析方法，根据计算出的 I 与 Z 值的不同，分为四个象限。莫兰散点图是一张二维坐标点阵图，四个象限分别代表四种不同的集聚类型：

（1）若 $I > 0$ 且 $Z > 0$，则局部 i 位于高—高（HH）集聚区，或称 HH 象限，意味着高观测值地区被同样是高观测值的地区包围；

（2）若 $I<0$ 且 $Z>0$，则区域 i 位于高—低（HL）集聚区，或称 HL 象限，意味着高观测值地区被低观测值地区包围；

（3）若 $I>0$ 且 $Z<0$，则区域 i 位于低—低（LL）集聚区，或称 LL 象限，意味着低观测值地区被同样是低观测值的地区包围；

（4）若 $I<0$ 且 $Z<0$，则区域 i 位于低—高（LH）集聚区，或称 LH 象限，意味着低观测值地区被高观测值地区包围。

当被观测地区处于 HH 象限和 LL 象限时，该地区与周边地区的被观测值存在正的空间相关性，即均质性；当被观测地区处于 HL 象限和 LH 象限时，则该地区与周边地区的观测值存在负向的空间相关性，即异质性。

5.3　省域工业碳排放强度的时空演变特征

5.3.1　时序演变特征

为探究我国省域工业碳排放强度的时空演化特征，本节运用 GeoDa 软件分析 30 个省份碳排放强度的空间关联特征。首先运用 GeoDa 软件生成一次邻接规则的空间权重矩阵，生成空间权重矩阵之后，再根据式（5.3）计算得到 2003—2017 年、2025 年的全局莫兰指数。表 5.2 是全局莫兰指数和统计量 Z 值的统计结果。结果显示，各年份的全局莫兰指数均为正，并由式（5.4）得出统计量 Z 值均超过 5％ 置信水平的临界值 1.96，即在 5％ 的置信水平上全部显著，通过了相关性检验。这表明在整个研究期内，各省份碳排放强度的时空分布并不完全随机，即我国各省份工业碳排放强度存在显著的正向空间相关关系，即本省份的工业碳排放强度对邻近省份产生正向影响，反之，邻近省份也会对本省份产生正向影响。

表 5.2　2003—2017 年、2025 年我国省域工业的碳排放强度全局莫兰指数

统计量	年份							
	2003	2004	2005	2006	2007	2008	2009	2010
I	0.204	0.213	0.247	0.214	0.220	0.245	0.213	0.210
Z	2.278	2.367	2.366	2.091	2.143	2.364	2.081	2.116
p	0.026	0.024	0.018	0.036	0.030	0.020	0.030	0.034

续表

统计量	年份							
	2003	2004	2005	2006	2007	2008	2009	2010
I	0.168	0.212	0.213	0.236	0.298	0.336	0.385	0.350
Z	2.149	2.310	2.383	2.479	2.986	3.257	3.796	3.217
p	0.028	0.024	0.012	0.015	0.005	0.005	0.004	0.015

通过对图 5.4 分析可以得出各省份碳排放强度的总体分布变化规律,整体而言,2017 年的全局莫兰指数比 2003 年有较大幅度的上升,由 0.204 上升到 0.385,这表明工业碳排放强度的集聚程度增强,即空间相关性不断增强,在空间上碳排放强度相似的省份趋向于集中分布,这一现象更加说明了引入空间效应的必要性和重要性。

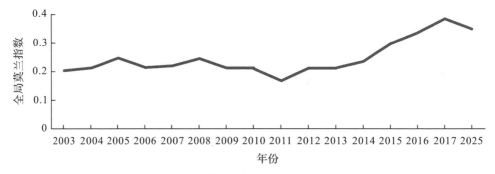

图 5.4 碳排放强度全局莫兰指数折线图(2003—2017 年、2025 年)

通过观察整个研究期内全局莫兰指数曲线的走势,总体而言,全局莫兰指数呈现出波动性的增长趋势。我国碳排放强度的全局莫兰指数可以分成三个阶段。第一阶段是 2003—2011 年的波动下降阶段。莫兰指数由 2003 年的 0.204 下降到 2011 年的 0.168,这说明在此期间,各省份碳排放强度的集聚性总体趋势为减弱,但呈现一定的波动,2003—2005 年上升,2006 年略有下降,2006—2008 年上升,2008—2011 年下降。第二阶段是 2011—2017 年的快速增长阶段,此阶段的莫兰指数从 2011 年的 0.168 上升到 2017 年的 0.385,从变化趋势来看,2003—2010 年莫兰指数随时间的推移呈现波动性。但 2011 年是一个转折点,莫兰指数从 2011 年开始持续增长,从 0.168 上升到 2017 年的 0.385。这一阶段的变化表明,碳排放强度的空间集聚特征显著,即呈现出高值集聚和低值集聚趋势快速增强的特征。第三阶段是 2017—2025 年,由于仅计算了 2025 年的莫兰指数,因此无法对这一阶段的走势进行分析。然而从具体数值来看,2025 年的莫兰指数为 0.350,略微低于 2017 年的莫兰指数,这说明在当前的政策情境下,2025 年仍然呈现出较高的空间关联性。2011 年成为较大的转折点的原因可能是:2011 年《全国主体功能区规划》发布,部分省份开展了相关工作,特别是京津冀、长三角等地区制定了严格的碳排放控制目标要求,积极优化产业结构、推动能源结构低碳化,开展各领域低碳试点和行动。

5.3.2　空间演变特征

为了更好地分析和比较各地区碳排放强度的差异,本节采用 ArcGIS 软件进一步研究历年的工业碳排放强度分布情况。按照 Jenks 最佳自然断裂法进行划分,将每一年的工业碳排放强度划分成五类,分别是低碳排放强度、较低碳排放强度、中碳排放强度、较高碳排放强度和高碳排放强度。通过对历年各省份所处的类型进行可视化分析可知,在样本考察期内,各类型区所代表的数据值在下降,如 2003 年低碳排放强度类型区的数据范围为 3.139～3.752 吨/万元,2010 年高碳排放强度类型区的数据范围为 1.762～2.627 吨/万元,2017 年为 0.740～1.636 吨/万元,2025 年为 0.077～0.568 吨/万元,可见我国各省份的工业碳排放强度整体上呈现下降趋势,但碳排放强度的空间分布很不均衡,整体来看,从沿海地区向内陆地区呈递增的分布规律。

虽然各省份工业碳排放强度的变化趋势总体上与全国一致,均表现出大幅度下降的趋势,但省份之间存在着极大的空间差异。2003 年,高碳排放强度类型区有四个,分别是内蒙古、宁夏、山西、贵州,均位于中西部地区;低碳排放强度类型区有五个,分别是江苏、上海、浙江、福建、广东,均位于东部地区。相比于 2003 年,2010 年碳排放强度有所下降(从碳排放强度的分级数据可以看到),高碳排放强度类型区有两个,分别是宁夏和贵州;低碳排放强度类型区有五个,分别是北京、天津、浙江、福建和广东。到 2017 年,空间分布有新的变化,高碳排放强度类型区有三个,分别是内蒙古、宁夏、新疆;低碳排放强度类型区有六个,分别是北京、天津、上海、浙江、福建和广东。在 2025 年政策情景下,高碳排放强度类型区只有宁夏,而低碳排放强度类型区有八个,分别是北京、天津、上海、浙江、福建、广东、云南和湖北。随着时间的推移,低碳排放强度类型区增加,高碳排放强度类型区减少。总体来看,历年的工业碳排放强度具有明显的西高东低的特征,地区间能源消费结构、产业结构以及技术水平的差异是我国工业碳排放强度在宏观尺度上空间格局变动的主要原因。

5.4　省域工业碳排放强度的时空关联性分析

5.4.1　时空集聚分析

根据式(5.4)进一步计算 2003—2017 年、2025 年的局部莫兰指数(图 5.5 仅列出 2003 年、2010 年、2017 年和 2025 年的局部散点图)。图 5.5 中四个象限分别

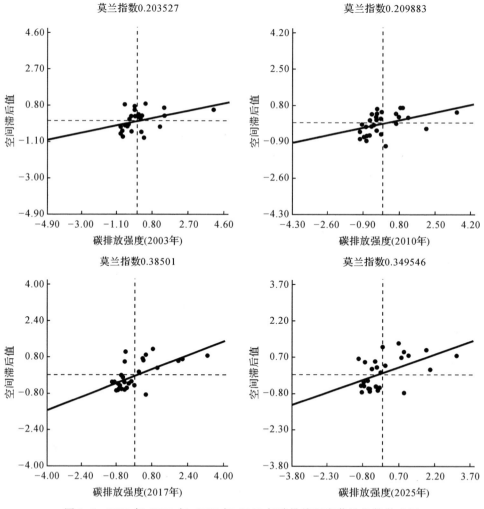

图 5.5　2003 年、2010 年、2017 年、2025 年碳排放强度莫兰指数散点图

代表四种集聚区与其相邻区域的相互关系。①第一象限的高—高（HH）集聚区，表示本区域和相邻区域碳排放强度均相对较高，空间关联表现为辐射效应；②第二象限为低—高（LH）集聚区，即本区域碳排放强度较低而相邻区域指数较高，空间关联表现为低值异值突出区域；③第三象限为低—低（LL）集聚区，即本区域和相邻区域的碳排放强度均相对较低，空间关联表现为空间溢出效应；④第四象限为高—低（HL）集聚区，即本区域碳排放强度高而相邻区域较低，空间关联表现为高值异值突出。"高"和"低"的定义是与国家平均值进行比较的结果。

散点图中的每个点代表一个省份，它分布在四个象限中，对应于四种不同的集聚区。从图中可以发现，碳排放强度的局部空间集聚特征明显。首先，就2003—2017 年而言，超过一半的省份（17 个）所处的表示空间关系的象限没有发生改变。宁夏、内蒙古、甘肃、山西始终位于第一象限，表现出碳排放强度的高—高（HH）聚集，这些省份的高碳排放强度正向影响周围省份的碳排放强度，这些省份多为资源型省份以及东北的老工业基地，低碳转型的压力一直很大；浙江、福建、上海、江苏、江西、北京、天津、山东、湖北、广东、湖南始终处于第三象限，表现出碳排放强度的低—低（LL）聚集，这些省份的低碳排放强度正向影响周围省份的碳排放强度，这些省份多为经济发达、能源利用效率比较高的地区，可以保持当前的减排措施；陕西始终位于第二象限，表现出碳排放强度的低—高（LH）聚集，这说明陕西在碳减排中保持良好的独立性；海南始终位于第四象限，表现出碳排放强度的高—低（HL）聚集，需要尽快与周围省份实现协同。海南以旅游业和农业为主，但工业发展速度相对较慢，工业化程度长期较低。近年来，经济的放缓和工业项目的强劲驱动因素刺激了工业能源消耗及能源强度的大幅上升。就2017—2025 年而言，有 22 个省份所处的表示空间关系的象限没有发生改变，宁夏、内蒙古、甘肃、新疆、山西、黑龙江、辽宁 7 个省份仍旧位于 HH 集聚区，陕西仍旧位于 LH 集聚区，福建、江西、贵州、广东、四川、云南、重庆、湖北、浙江、江苏、上海、广西、安徽、湖南 14 个省份仍旧位于 LL 集聚区，海南仍旧位于 HL 集聚区。

30 个省份碳排放强度的局部集聚研究表明，空间集聚主要发生在 HH 和 LL 集聚区，这说明碳排放强度高的地区和低的地区在地理空间分布上均相对集中。结合东部、中部、西部划分可以发现，HH 集聚区主要分布在西部地区，而 LL 集聚区主要分布在东部地区。西部地区碳排放强度一直处于较高水平，存在辐射效应，该特征还影响了与其相邻的部分中部和东部省份。反观东部，整体碳排放强度较低，存在很强的空间溢出效应。此外，处于跨象限的省份主要位于中西部地区，这些省份可作为重点关注对象，总体而言，HH 集聚和 LL 集聚的省份数量均有所增加，区域性集聚特征更加凸显，这进一步说明各省份工业碳排放强度的空间差异有逐步扩大的趋势。

5.4.2 时空跃迁分析

从时空跃迁来看,2003—2025 年大部分省份保持稳定,个别省份表现出波动性跃迁特征。本节根据不同时期各空间分异类型所包含省份数量的变动情况,进一步揭示各省份碳排放强度的时空演进规律,如表 5.3 所示。第一种时空跃迁的形式表现为所观测的本省份随着时间的变动向相邻象限转移的变动情况(即仅本省份自身发生跃迁),主要跃迁形式及包含的省份为 LH-HH(黑龙江、辽宁)、HL-LL(安徽、贵州)、HH-LH(青海)、HH-[HH-LH](吉林)、[HH-LH]-HH(新疆);第二种时空跃迁的形式表现为所观测的本省份随着时间的变动向不相邻象限转移的变动情况(即仅本省份的相邻省份发生跃迁),主要跃迁形式及包含的省份为 LL-LH(北京、天津、山东)、LH-LL(广西、重庆、四川、云南)、HH-HL(河北)。

表 5.3　2003—2017 年、2025 年碳排放强度莫兰指数散点图具体省份分布情况

年份	HH 聚集	LH 聚集	LL 聚集	HL 聚集	跨象限
2003	宁夏、内蒙古、甘肃、吉林、青海、河北、山西	黑龙江、辽宁、陕西、四川、云南、广西、重庆、河南	浙江、福建、上海、江苏、江西、北京、天津、山东、广东、湖北、湖南	安徽、海南、贵州	新疆[HH-LH]
2010	宁夏、内蒙古、甘肃、云南、新疆、山西	陕西、四川、青海、黑龙江、广西、河南、吉林、重庆	浙江、福建、上海、江苏、江西、北京、天津、山东、广东、湖北、湖南	海南、贵州	辽宁[HH-LH] 安徽[LL-HL] 河北[HH-HL]
2017	宁夏、内蒙古、甘肃、新疆、山西、黑龙江、辽宁、青海、河北	吉林、陕西	浙江、福建、上海、江苏、江西、北京、天津、山东、广东、湖北、湖南、云南、广西、重庆、安徽、河南	海南	贵州[LL-HL] 四川[LH-LL]
2025	宁夏、内蒙古、河北、山西、黑龙江、辽宁、甘肃、新疆	北京、天津、陕西、河南、山东、青海	福建、江西、贵州、广东、四川、云南、重庆、湖北、浙江、江苏、上海、广西、安徽、湖南	海南	吉林[HH-LH]

由此可见,发生跃迁的省份占总观测省份的一半。这表明,有一半的省份没有发生跃迁,因此在 2025 年的政策情景下,中国总体的碳排放强度在时空演进中存在着较高的稳定性。在这些发生跃迁的省份中,北京、天津、辽宁、山东、河北为东部省份,占 33.3%;黑龙江、安徽、吉林为中部省份,占 20%;贵州、青海、新疆、广西、重庆、四川、云南为西部省份,占 46.67%。因此,中国的减排政策应重点关注这些存在时空跃迁特征的省份。需要特别注意的是,新疆 2003 年位于 HH-LH 跨象限区,到 2025 年将处于 HH 区,说明新疆受到了周围高碳排放强度省份的影响,因此新疆需采取更为有力的减排措施。以上研究结果表明,大多数省份的碳排放强度类型相对稳定。除跃迁较频繁的省份外,其他省份碳排放强度的变化对国家碳排放强度下降的贡献很小。

5.5　研究结论与建议

5.5.1　研究结论

(1)中国工业部门的碳排放总量整体呈上升趋势,碳排放强度逐年下降,东部地区的工业碳排放高于中西部地区,西部地区年平均增长率最高;而东部地区的碳排放强度则明显低于西部地区。

(2)环境学习曲线很好地模拟了不同省份的碳排放强度。人均工业增加值的学习系数为小于零,表明人均工业增加值的提高有利于降低各省的工业碳排放强度。能源结构的学习系数为正,表明煤炭消费比例的持续增加致使碳排放强度不断增加,因此,要调整能源消费结构,有效降低煤炭的消费比例。然而,第三产业占比的学习系数在不同省份具有差异性。

(3)30 个省份碳排放强度全局莫兰指数为正值且通过显著性检验,表明工业碳排放强度的空间分布存在空间关联性,莫兰指数从 2011 年开始持续增长,从 0.168 上升到 2017 年的 0.385,即工业碳排放强度的集聚程度增强,2025 年仍保持较高的空间集聚性。

5.5.2　对策建议

基于以上研究结论,本章就我国工业碳排放提出如下区域协同发展策略。

(1)结合各省份产业优势,优化产业空间布局。本章的研究结果表明,产业结构对碳排放强度的作用方向在不同省份间存在差异,第三产业的提高只会导致上海、吉林、山东、江苏、河北、湖南的碳排放强度降低，这表明它们的第三产业具有良好的环境学习能力。对于工业能耗消费占比较大、能源结构偏重的省份，工业脱碳的关键在于工业体系内部结构和产业结构的调整。对于能源结构较为清洁、非化石能源使用率较高、移动源或将成为未来主要碳排放源的省份，应着力优化交通运输结构、引进新能源交通工具、提升建筑电气化水平等。

（2）提高能源利用效率，强化区域能源合作。在艰巨的"双碳"目标下，构建清洁高效的低碳能源体系并解决相应的机制问题将是未来政策发展的重点支持方向。从研究结果来看，十几年来，绝大多数行业的碳排放强度大幅度下降，能源效率逐步提高。为实现"双碳"目标，需要加速淘汰煤炭在整个经济系统中的使用。碳中和的前提是能源转型，因此，必须在保障国家能源安全的前提下，一方面重视煤炭、石油、天然气等化石能源总量控制和利用效能提高，另一方面重视风电、光伏等可再生能源的替代使用。

（3）加强技术合作交流，缩小区域技术差距。实现"双碳"目标愿景，需要市场的有效激励和突破性技术的支撑。研究结果表明，环境学习具有强度效应，即越高效地利用化石能源，碳排放强度越低，东部省份的碳排放强度明显低于中西部地区，主要是技术水平不同所带来的结果。因此，为了缩小技术差距，应加强各省份在生产和环保技术领域的交流与合作，消除一切技术障碍，促进先进技术和管理经验从东部地区向中西部地区转移。

（4）考虑碳排放强度空间效应，加强政策协同作用。碳排放强度存在显著的空间集聚性和空间溢出效应，从表面上看，这是由于区域之间的存在经济、技术和政治联系，而在微观上，则是由于能源消费行为、模仿和跟踪的相似性。结合本章的研究结果，历年的工业碳排放强度均具有显著的空间集聚效应，而且从2011年开始，工业碳排放强度的集聚程度增强，在2025年政策情景下仍然保持较高的空间集聚性。因此，减排政策的实施必须基于区域合作才能达到理想的效果。

第6章 长三角城市群碳达峰影响因素异质性分析

由于人口稠密和经济活动频繁,城市正成为全球碳排放的热点地区。虽然其面积仅占世界土地面积的 2%,却消耗了全球三分之二以上的能源,占全球碳排放量的 70% 以上(Churkina,2008)。在中国,城市能源消耗产生的碳排放占排放总量的 85%,显著高于美国(80%)和欧洲(69%)(shan et al.,2017)。这种高能源需求和高二氧化碳排放极大地增加了城市环境负荷,一方面导致极端天气、山体滑坡和城市内涝等气候灾害频发,另一方面通过空气污染危害居民健康。随着经济高速发展,城市面临的气候风险将不断升级并引发更大的经济、环境和社会风险。城市是实施气候变化适应和碳减排战略的主要行动者。对此,有学者认为,发展低碳城市是中国兑现减排承诺、实现"双碳"目标的必然选择(Tan et al.,2016;Shen et al.,2018)。因此,了解城市的碳排放情况,研究城市碳达峰的影响因素和具体实现路径具有重要的现实意义。

6.1 长三角城市群及分类

长三角地区位于中国东部沿海,包含上海和江苏、浙江、安徽四个省份的合计41 个城市,是中国经济发展最快、经济总量最大、发展潜力最大的地区之一。截至2020 年底,长三角地区人口2.27亿,区域面积35.8 万平方千米,地区 GDP 24.5 万亿元,以不到 4% 的国土面积,创造出中国近 1/4 的经济总量,1/3 的进出口总额,是名副其实的中国经济引擎。

然而,在社会蓬勃发展的背后,长三角地区也面临着社会经济和资源环境协调发展的矛盾。长三角地区是全国重要的制造业基地,其第二产业占比高达42.5%,以重化工、劳动密集型传统产业为主,其中排名前三的为仪器仪表制造业，计算机、通信和其他电子设备制造业，以及汽车制造业。在过去的几十年里，随着长三角城市化进程的加快和社会经济的发展，能源消耗迅速增加，进而导致了大量的二氧化碳排放，使得长三角地区成为我国能源消耗强度较大、大气污染较为严重的区域之一。2019 年长三角地区一次能源消费占全国总量的17%，二氧化碳排放占全国总排放量的 1/5 以上。在当前全国节能减排的大背景下，长三角城市群作为中国重要的城市群之一，率先实现碳达峰不仅能真正帮助国家实现长期减排目标，而且对其他经济相对落后地区有模范借鉴作用。因此，本章选择长三角城市群作为研究对象，探讨区域碳达峰的驱动因素和路径选择。

《中国城市发展报告 2012》依据人口城镇化率划分四个城镇化发展阶段：初级城镇化（51%~60%）、中级城镇化（61%~75%）、高级城镇化（76%~90%）、完全城镇化（90% 以上）。考虑到驱动因素对碳达峰的影响在不同发展阶段可能存在阶段性差异，本章依据此划分标准，基于 2019 年城镇化率将长三角地区 41 个地级市划分为初级城镇化、中级城镇化、高级城镇化三个不同组别。其中，由于 2019 年长三角地区没有一个城市的人口城镇化率超过 90%，所以无城市属于完全城镇化城市组别。长三角地区 41 个城市城镇化发展阶段划分如表 6.1 所示。长三角地区 41 个地级市中包含初级城镇化城市 12 个、中级城镇化城市 23 个和高级城镇化城市 6 个。整体来看，大部分长三角地区城市处于中级城镇化阶段。

表 6.1　长三角地区 41 个城市城镇化发展阶段划分

组别	数量	城市
初级城镇化	12	亳州、宿州、蚌埠、阜阳、滁州、六安、宣城、铜陵、池州、安庆、黄山、衢州
中级城镇化	23	淮北、淮南、马鞍山、芜湖、徐州、常州、南通、连云港、淮安、盐城、扬州、镇江、泰州、宿迁、宁波、温州、嘉兴、湖州、绍兴、金华、舟山、台州、丽水
高级城镇化	6	上海、合肥、南京、无锡、苏州、杭州

6.2　长三角城市群碳排放特征分析

6.2.1　长三角城市群碳排放测算

(1)碳排放测算方法

经历了城市化和工业化的快速发展后,中国已成为全球最大的二氧化碳排放国。因此,越来越多的学者致力于碳减排策略和方法的研究,从而促进经济可持续发展。然而,由于城市级能源消费数据的缺失,这些研究主要集中在国家和省级层面,对城市层面碳排放的研究仍然缺乏。但是,城市已经成为全球主要的碳排放源。同时,各地级市政府作为中央政府具体法律和政策的执行者,在实践中还是实施气候变化适应和碳减排战略的主要行动者。如果只关注国家或省级碳排放及其相应驱动因素,就会忽视城市碳排放的异质性特征,不利于支持城市可持续发展战略的制定。

当前,城市层面碳排放的核算方法主要分为两类。第一类研究主要依据《中国城市统计年鉴》、地方统计年鉴、地方政府工作报告或其他地方政府相关统计来源收集的能源清单数据,直接估算若干城市特定年份的碳排放量(Shan et al.,2017;Cai et al.,2017;Jing et al.,2018;Shan et al.,2019)。然而,这一类研究存在以下局限性:首先,迄今为止获得的城市级碳排放量数据往往仅是截面数据或特定城市的时空序列数据;其次,不同城市的能源清单数据核算范围可能存在差异,从而会影响城市碳排放的可比性;最后,不同的研究采用了不同的研究领域、时期和部门的数据,结果往往存在较大差异,不利于城市层面碳排放的进一步研究。第二类研究则主要基于夜间灯光数据估算各城市碳排放量(Meng et al.,2014;Raupach et al.,2010;Su et al.,2014)。因为 DMSP/OLS(Defense meteorological satellite program/operational linescan system,国防气象卫星计划线性扫描业务系统)图像在 2013 年之后不再更新,之后的数据来自 Suomi-NPP/VIIRS(Suomi national polar-orbiting partnership visible infrared imaging radiometer Suite,索米国家极轨伙伴卫星可见光红外成像辐射套件)图像,而卫星传感器参数、数据空间分辨度的不同,导致这两组灯光数据存在明显差异,无法直接匹配。因而,依据夜间灯光数据进行碳排放测算往往要么只能得到 2013 年以前的排放数据,要么只能估计 2013 年之后的排放数据,前者数据偏旧,后者数据时间长度不够。

为破解这一难题,Chen 等(2021)构建了一种新方法来合并两类夜间灯光数据。因为 DMSP/OLS 和 Suomi-NPP/VIIRS 都在 2013 年提供了图像,Chen 等(2021)分别从两个数据集中提取了 2013 年城市级别的像素值(DN),采用幂函数拟合两者平均像素值之间的关系,得到如下模型:

$$D_1 = \alpha V^\beta \tag{6.1}$$

$$D_2 = \lambda V^\theta \tag{6.2}$$

其中 D_1 和 D_2 分别为 DMSP/OLS 数据和 Suomi-NPP/VIIRS 数据,$\alpha = 5.7005$,$\beta = 6.7214$,$\lambda = 0.7248$,$\theta = 0.7197$。通过这种方法对两类夜间灯光数据进行校正,Chen 等(2021)获得了稳定、长期的夜间光数据,并以此为基础测算了 1992—2017 年中国 334 个地级市的二氧化碳排放量。在此基础上,本章基于同样的方法补充了 2018 年和 2019 年长三角 41 个地级市的碳排放数据。

首先,测算省级碳排放量。采用 IPCC 建立的碳排放估算方法公式,根据能源消费数据估算各省份的二氧化碳排放量,具体公式如下:

$$E_{CO_2} = \sum_{j=1}^{17} E_j \times NCV_j \times CC_j \times COF_j \times \frac{44}{12} \tag{6.3}$$

其中,E_{CO_2} 为二氧化碳排放量,单位为百万吨,j 为化石能源的种类,E_j 为能源 j 的消费量,NCV_j 为能源 j 的低位发热值,CC_j 为能源 j 的含碳量,COF_j 为能源 j 的碳氧化因子,44/12 则是二氧化碳分子与碳元素的质量比。

然后,建立夜间灯光数值与二氧化碳排放量统计值之间的关系方程,具体公式如下:

$$(E_{CO_2})_{it} = \omega SDN_{it} + \gamma_i + \varepsilon_{it} \tag{6.4}$$

其中,SDN 为 DN 值之和,ω 为估计系数,γ 为固定效应,反映省份之间的差异,ε_{it} 为误差项,i 为省份,t 为时间。

在利用省级稳定灯光数据和省级碳排放量数据获得两变量间稳定关系的基础上,利用 ArcGIS 表面分析工具,识别出城市建成区边界,然后计算各城市建成区的 DN 值总和,并代入式(6.4)反演计算出每个城市的碳排放量。

为了进一步确定该估计方法的准确性,Chen 等(2021)基于测算的市级碳排放数据与以往研究中估算的城市碳排放数据进行了回归分析。结果表明,本章使用的数据与 Shao 等(2019)估计的 2010 年 187 个城市的碳排放量相似率为84.17%,与蔡博峰等(2017)估计的 2012 年 287 个城市的碳排放量相似率达到 84.64%,与 Jing 等(2018)测算的 2010 年 41 个城市的碳排放量相似率接近 91.63%。综上所述,本章采用的数据与之前的研究结果具有较强的一致性,可以用于开展进一步研究。

（2）数据及其来源

根据数据可得性和研究需要,本章选择 2005—2019 年作为研究时间区间,其中,2005—2017 年长三角地区 41 个城市的碳排放量数据来自 Chen 等(2021)的研究成果。2018 年和 2019 年上海、浙江、江苏、安徽的能源消费数据来自《中国能源统计年鉴》(2019—2020)中的终端能源消费平衡表;能源折算标准煤系数和能源净发热值来自《中国能源统计年鉴 2019》;单位热值含碳量来自《2006 年 IPCC 国家温室气体清单指南》。碳排放测算能源相关系数如表 6.2 所示。

表 6.2　碳排放测算能源相关系数

类型	平均低位发热量/(kJ/kg)	折标准煤系数/(kgce/kg)	含碳量/(tC/TJ)	类型	平均低位发热量/(kJ/kg)	折标准煤系数/(kgce/kg)	含碳量/(tC/TJ)
原煤	20908	0.7143	26.32	液化石油气	50179	1.7143	20.00
洗精煤	26344	0.9000	26.32	炼厂干气	45998	1.5714	20.20
其他洗煤	8363	0.2857	26.32	天然气	32238	1.1000	15.32
焦炭	28435	0.9714	31.38	焦炉煤气	16726	0.5714	21.49
原油	41816	1.4286	20.08	其他煤气	5227	0.1786	21.49
燃料油	41816	1.4286	21.10	煤焦油	33453	1.1429	27.45
汽油	43070	1.4714	18.90	热力	—	0.03412	—
煤油	43070	1.4714	19.60	电力	3600	0.1229	—
柴油	42652	1.4571	20.20				

此外,在本章所用的 DMSP/OLS 和 Suomi-NPP/VIIRS 数据均来自美国国家海洋和大气管理局(NOAA)。其中,2005—2013 年所使用的 DMSP/OLS 夜间光图像主要来自 F10、F12、F14、F16 和 F18 卫星传感器,2013—2019 年所使用的 NPP/VIIRS 夜间灯光数据来自极地轨道地球观测卫星。这主要是由于卫星老化以及更新换代,DMSP 年度数据自 2013 年停止更新,此后,Suomi NPP 卫星开始发布夜间灯光数据。相较 DMSP 夜间灯光数据而言,NPP 夜间灯光数据更新时效更快、空间分辨率更优,且不存在过饱和问题。但 NPP 夜间灯光数据是月度数据,在使用前需要逐月加总。

（3）长三角城市群二氧化碳排放测算结果

依据上述测算方法和能源消费数据进行一系列计算,可得到 2005 年、2010

年、2015 年、2019 年长三角地区 41 个城市的碳排放量，并根据长三角地区 41 个城市每年的经济生产总值，计算得到 2005 年、2010 年、2015 年、2019 年的碳排放强度。其中，为消除通胀因素影响，地区经济总值数据按 2005 年可比价进行平减。最终得到的碳排放量和碳排放强度相关数据见表 6.3。

表 6.3　长三角地区 41 个城市碳排放数据

城市	碳排放量/百万吨				碳排放强度/（吨/万元）			
	2005 年	2010 年	2015 年	2019 年	2005 年	2010 年	2015 年	2019 年
上海	147.74	190.78	200.06	234.08	1.61	1.27	0.95	0.80
合肥	37.67	54.91	62.38	62.42	3.26	2.06	1.50	1.02
淮北	8.80	12.61	13.42	12.02	4.21	3.41	2.40	1.71
亳州	11.04	14.58	16.91	16.52	4.17	3.55	2.44	1.45
宿州	14.50	19.28	22.97	23.97	4.63	3.70	2.53	1.86
蚌埠	10.09	13.14	14.95	15.50	3.24	2.58	1.62	1.16
阜阳	17.91	23.79	26.44	30.65	5.52	4.11	2.84	1.74
淮南	10.21	14.20	15.10	15.95	3.87	2.94	2.28	1.89
滁州	16.61	23.46	28.79	29.68	5.06	4.21	3.00	1.57
六安	11.97	17.01	20.18	18.93	3.83	3.14	2.70	1.79
马鞍山	10.05	13.49	14.62	15.06	2.71	2.08	1.46	1.10
芜湖	10.29	16.23	18.99	19.48	2.57	1.83	1.05	0.83
宣城	9.00	13.76	16.07	19.32	3.58	3.27	2.25	1.90
铜陵	4.09	5.68	6.36	5.73	2.25	1.52	0.95	0.92
池州	4.25	7.57	8.45	8.89	3.86	3.14	2.11	1.64
安庆	12.38	17.20	19.22	21.48	2.88	2.17	1.84	1.39
黄山	5.33	8.24	8.73	9.71	3.33	3.33	2.24	1.82
南京	38.61	57.09	64.05	68.26	1.60	1.35	0.87	0.68
无锡	36.91	60.04	65.54	74.70	1.32	1.26	1.01	0.88
徐州	31.98	47.87	53.76	61.62	2.64	1.97	1.33	1.20
常州	23.48	40.54	44.68	45.64	1.80	1.61	1.12	0.86
苏州	70.04	114.83	128.03	144.53	1.74	1.51	1.16	1.05

续表

城市	碳排放量/百万吨				碳排放强度/(吨/万元)			
	2005 年	2010 年	2015 年	2019 年	2005 年	2010 年	2015 年	2019 年
南通	31.61	53.14	62.52	78.96	2.15	1.86	1.34	1.18
连云港	18.74	29.71	33.18	32.49	4.11	3.02	2.02	1.45
淮安	19.30	28.74	33.61	35.76	3.44	2.51	1.61	1.29
盐城	26.12	41.38	51.35	59.28	2.60	2.15	1.61	1.45
扬州	23.97	37.79	42.27	47.59	2.60	2.05	1.39	1.14
镇江	18.36	29.50	33.21	31.20	2.11	1.80	1.25	1.06
泰州	21.57	34.32	39.47	43.66	2.62	2.03	1.41	1.19
宿迁	15.64	24.69	28.78	33.72	4.16	2.81	1.78	1.52
杭州	47.13	55.18	60.13	70.78	1.60	1.11	0.77	0.64
宁波	46.25	53.27	58.10	66.01	1.89	1.24	0.93	0.77
温州	28.94	31.82	34.99	36.94	1.81	1.31	0.97	0.78
嘉兴	27.06	34.84	37.15	39.84	2.33	1.82	1.36	1.03
湖州	20.97	24.14	26.30	27.77	3.26	2.22	1.62	1.24
绍兴	26.72	30.94	33.69	36.50	1.85	1.33	0.97	0.88
金华	25.84	30.50	34.21	38.05	2.43	1.73	1.29	1.16
衢州	9.63	10.74	11.76	12.66	2.93	1.71	1.32	1.12
舟山	3.70	4.80	5.48	5.64	1.32	0.89	0.64	0.57
台州	25.24	29.60	32.74	34.94	2.02	1.46	1.18	0.95
丽水	8.59	10.24	11.87	12.16	2.81	1.85	1.38	1.14

6.2.2 长三角城市群碳排放特征分析

(1)碳排放时序特征:持续增长

随着长三角地区社会经济的快速发展,其能源消耗与 CO_2 排放量不断增加。图 6.1 显示了 2005—2019 年长三角地区整体及各省份的 CO_2 排放量。从时间尺度上看,2005—2019 年长三角地区总体碳排放呈明显的上升趋势,由 2005 年的 989 百万吨上升到 2019 年的 1698 百万吨,年均增长率为 3.94%,总体增长率超过 70%。其中,2005—2011 年长三角地区 CO_2 排放量增长尤为快速,2011 年长三角地区整体 CO_2 排放量达到 1509 百万吨,是 2005 年的 1.53 倍,年均增速超过 7%。

2011年后,长三角地区总体CO_2排放量增速呈现出放缓的趋势,年均增速为1.5%,远低于7.9%的平均经济增速,碳排放与经济增长的脱钩趋势开始显现。这主要是由于《"十二五"控制温室气体排放工作方案》《国家应对气候变化规划(2014—2020年)》等一系列环保政策的出台,加强了减排目标的分解和落实,应对气候变化工作目标被纳入各地区、各部门经济社会发展综合评价和绩效考核体系,倒逼各地政府采取积极行动控制CO_2排放。

分省份来看,江苏CO_2排放量显著高于浙江、安徽和上海。2019年江苏CO_2排放量达到757百万吨,占长三角地区总量的44.6%。这主要是由于江苏的经济总量和工业经济占比都远大于浙江、安徽和上海。而工业属于能源密集型行业,密集的工业活动必然会导致大量的能源消耗和CO_2排放。其次是浙江,2019年浙江碳排放量为381百万吨。紧随其后是安徽和上海,2019年的CO_2排放量分别为325百万吨和234百万吨。2005—2019年,上海市、安徽、江苏和浙江的CO_2排放量增速分别为58.44%、67.52%、101.26%和41.19%,年均CO_2排放增速分别为3.34%、3.75%、5.12%和2.49%。可见,在研究期间内,CO_2排放增长速度最快的为江苏,增长速度最慢的为浙江。

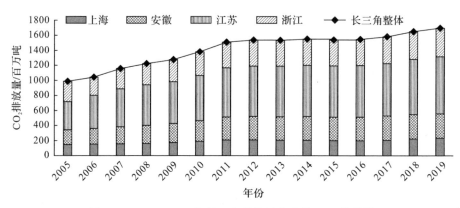

图6.1　2005—2019年长三角整体及各省份CO_2排放量

(2)碳排放空间特征:东高西低

为了更好地分析长三角城市群碳排放的空间分布,进一步将碳排放量划分为五个组别:0~<10百万吨,10百万吨~<30百万吨,30百万吨~<50百万吨,50百万吨~<100百万吨,≥100百万吨。研究发现,长三角地区的碳排放分布呈现明显的"东高西低"态势,碳排放的热点地区主要位于长三角东部地区。其中,2019年上海CO_2排放量达到了234百万吨,占长三角地区CO_2排放总量的

13.78％,毫无疑问是碳减排工作需要重点关注的地区。这主要是由于上海作为全国的经济中心,城镇化进程较早且城镇化速度快,经济相对发达,居民生活水平普遍较高,人均生活消费碳排放也相对较高。仅次于上海,苏州的 CO_2 排放量也超过了 100 百万吨,2019 年苏州 CO_2 排放量达到 144 百万吨。这是因为苏州属于工业型城市,第二产业占据绝对优势,在产业发展的过程中,化石能源的使用远远高于其他能源,势必带来大量的 CO_2 排放。此外,2019 年 CO_2 排放量超过 50 百万吨的城市还有无锡、南通、盐城、南京、杭州、宁波、合肥和徐州,占长三角地区 CO_2 排放总量的 32％。整体来看,长三角地区 CO_2 排放呈现出以重点城市为核心的空间集聚性,以上海和苏州为中心向外辐射形成了高 CO_2 集聚区,外围城市的 CO_2 排放普遍小于集聚中心。

相较而言,长三角西部城市的碳排放量普遍低于长三角东部城市。截至 2019 年, CO_2 排放量依然在 10 百万吨以下的城市有铜陵、池州、黄山、舟山,其 CO_2 排放量分别为 5.73 百万吨、8.89 百万吨、9.71 百万吨、5.64 百万吨,仅占长三角地区 CO_2 排放总量的 1.7％。其中,铜陵和池州经济发展相对落后,工业基础相对薄弱,能源消费水平也较低,所以碳排放量整体偏低。而黄山和舟山自然禀赋优越,以旅游业为主的第三产业是其社会经济发展的支柱产业,对能耗需求较小,因而整体碳排放水平较低。此外,2019 年 CO_2 排放量小于 30 百万吨的城市还有宿州、淮北、亳州、蚌埠、淮南、滁州、六安、马鞍山、芜湖、安庆、宣城、湖州、衢州、丽水,其中大部分位于安徽。

(3)碳排放强度特征:平稳下降

碳排放强度是指单位 GDP 的 CO_2 排放量,一般随技术进步和经济增长而下降。从图 6.2 可以发现,在研究期间碳排放强度呈现出明显的逐年下降趋势。长三角地区平均碳排放强度由 2005 年的 2.05 吨/万元下降至 2019 年的 0.99 吨/万元,年平均下降率为 5.34％,总下降幅度超过 50％。这说明,自 2005 年以来长三角各地政府在应对气候变化领域采取的一系列政策和工作取得了显著的成果,有效降低了化石能源在能源消费中的比例,优化了地区产业结构的配置,提升了能源使用效率,为长三角地区碳排放与经济增长的脱钩奠定了良好的基础。

从空间上看,长三角各省份的碳排放强度大小及其变化情况均存在较大差异。在强度大小方面,安徽的碳排放强度显著高于长三角地区平均水平。这主要是由于安徽经济相对落后,但其能耗强度却超出江苏、浙江和上海的平均水平约 20％(世界资源研究所,2021),煤炭和石油消费总量占能源消费总量的比例也显著高于江浙沪平均水平,因而碳排放强度居高不下。其次是江苏,2005—2012 年,

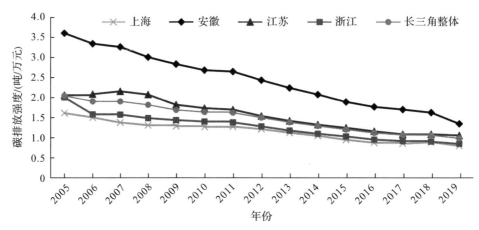

图 6.2　2005—2019 年长三角整体及各省份碳排放强度

江苏碳排放强度普遍高于长三角地区碳排放强度平均水平,但其差距逐渐减小,自 2012 年起基本能与长三角地区平均水平持平。浙江和上海的碳排放强度则显著低于长三角地区平均水平,同时两者差距逐渐缩小并趋于一致。上海和浙江作为全国重要的经济中心,经济基础较安徽更为雄厚,高新技术产业和第三产业占比大,同时城市化进程较快,集聚了大量人才资源,技术优势明显,因而能以较低的能源消耗增速支撑经济的高速增长。

从碳排放强度的相对变化来看,长三角各省份的表现也略有差异,其中,安徽碳排放强度的下降率(−60.62％)高于长三角地区碳排放强度的平均下降水平(−51.75％),紧接着是浙江(−57.6％)、上海(−50.54％)和江苏(−48.66％)。这说明虽然安徽的碳排放强度水平仍整体偏高,但在过去的 15 年间,安徽各地政府采取了有效的政策及行动来优化能源产业结构、提升能源利用效率,并取得了显著的成果。相较而言,江苏作为长三角地区的主要排放源,其下辖地级市政府在节能减排、适应气候变化方面的努力滞后于长三角地区的平均水平,这可能使之与其他地区在低碳城市建设方面的差距进一步拉大,不利于长三角地区碳达峰行动的整体推进。

6.3　基于城镇化的长三角城市群碳达峰 STIRPAT 模型构建

在对城市进行分组的基础上,以人口、人均 GDP、能源强度、产业结构、城镇化率、外商直接投资为解释变量构建 STIRPAT 模型,对不同城镇化发展阶段碳达峰影响因素的差异进行探讨。

6.3.1　STIRPAT 模型

Ehrlich 和 Holdren 最早在 1971 年提出了 IPAT 模型,将人口(population)、富裕程度(affluence)和技术进步水平(technology)作为影响环境压力的因素,这些因素常被用于考察人类行为对环境的影响(Ehrlich et al.,1971;Holdren et al.,1974)。通过该模型,能源经济学家可以定量研究碳排放与人口、经济和技术三者之间的关系(Stern,2002;Burnett,2013)。该模型可以具体表示为:

$$I = P \times A \times T \tag{6.5}$$

其中,I 为环境压力(排放水平),P 为人口,A 为富裕程度,T 为技术进步水平。

然而,在 IPAT 模型的假设中,P、A、T 三个驱动因素之间呈 1∶1∶1 等比例变化关系,即人口、富裕程度和技术进步水平是同等重要的,这意味着不同影响因素对环境压力的贡献相同。这显然与环境库兹涅茨曲线(EKC)假设相冲突(Xu et al.,2016)。为了克服 IPAT 的局限性,Dietz 等(1997)提出了基于 IPA 的 STIRPAT(stochastic impacts by regression on population,affluence and technology,可拓展的随机性环境影响评估)模型,具体表达式为:

$$I = aP^b A^c T^d \varepsilon \tag{6.6}$$

其中,仅有 a、b、c、d 是未知参数,而 I、P、A、T 仍分别表示环境压力、人口、富裕程度和技术进步水平,ε 是随机误差。虽然模型中指数的引入可以反映各个影响因素对环境压力的非比例影响,但是为了更方便地测度各因素的影响方向和程度,在实证中往往对等式两边同时取对数,则模型如下所示:

$$\ln I = \ln a + b \ln P + c \ln A + d \ln T + \ln \varepsilon \tag{6.7}$$

其中,b、c、d 反映了自变量和因变量之间的弹性关系,P、A 或 T 每变化 1% 就会导致 I 发生 b%、c% 或 d% 的变化。

根据不同的研究目的和需要,STIRPAT 模型支持在原有模型的基础上进行相应的改进,以开展各种实证研究。考虑到碳排放不仅取决于人口、富裕程度和技术进步水平,还受到许多其他因素的影响,许多学者开始引入其他社会经济因素来扩展的 STIRPAT 模型。Shahbaz 等(2016)以马来西亚为例,应用 STIRPAT 模型研究了城镇化对碳排放的影响。Shafiei 等(2014)采用 STIRPAT 模型,通过对经合组织国家不可再生能源和可再生能源消费数据的比较分析,探讨了碳排放的影响因素。Liddle 等（2013）基于三个相互独立的发达国家和发展中国家的城市数据集，应用 STIRPAT 模型探讨了城市密度与气候变化之间的关系。Liu 等（2015）基于 1990—2012 年中国省级面板数据，运用扩展的 STIRPAT 模型探讨了人类活动对能源消耗和三种类型工业污染物排放（废气、废水和固体废物）的影响。Li 等（2011）基于 STIRPAT 模型研究发现，人均 GDP、产业结构、人口、城镇化率和技术进步水平是影响中国 CO_2 排放的关键因素。基于 1990—2010 年中国 30 个省级行政单位人均 CO_2 排放量和 STIRPAT 模型，Li 等（2012）进一步探讨了 CO_2 排放影响因子的区域差异，发现人均 GDP、产业结构、人口、城镇化率和技术进步水平对中国不同排放区域的碳排放影响不同。Zhang C G 等（2015）使用扩展的 STIRPAT 模型及 1990—2010 年的省级面板数据探讨了 ICT（information and communication technology，信息与通信技术）产业对国家和地区层面碳排放的影响差异。Wang 等（2012）基于 STIRPAT 模型研究了城镇化率、经济规模、产业结构、能源强度和研发产出对城市碳排放的影响。

6.3.2 模型变量选择

结合长三角地区的实际情况和以往的研究成果，本章主要选择人口、富裕程度（人均 GDP）、能源强度、产业结构、城镇化、外商直接投资六个变量为解释变量，构建 STIRPAT 模型（见表 6.4）。

（1）人口，以地区常住人口（P）表征。随着人口向城市集聚，交通、建筑、餐饮、娱乐等居民日常生活消费领域的能源消费量增加，城市 CO_2 排放上升。其中，相较于户籍人口而言，常住人口能更为准确地表征生活能源消费所对应的人口。

（2）富裕程度，以地区 GDP 除以人口所得人均 GDP（A）来表征，代表了地区的经济发展水平。大量研究结果都表明，经济是影响碳排放的关键因素，经济的发展必然伴随化石能源消耗和碳排放增加。在对欧美发达国家的实证研究中发现，低收入地区的碳排放随着人均 GDP 的增长而增加，而高收入地区的碳排放随着人均 GDP 的增长而下降，即存在环境库兹涅茨 U 形曲线（Poumanyvong et al.，2010）。考虑到经济对碳排放的影响是非线性的，借鉴 York 等（2003）的研究成果，本章将其分解为人均 GDP 对数及人均 GDP 对数二次项，以期对碳排放与经济因素之间的关系进行更全面的实证研究。

（3）能源强度，以单位 GDP 能源消耗量（T）来表征，指技术进步水平对碳排放的影响。技术进步有利于提高能源利用效率，促进新能源的开发利用，从而显著影响能源消费结构和碳排放。现有研究就技术进步对经济可持续发展的重要作用进行了充分的论证，将其视为经济绿色低碳化转型的根本途径。"技术红利"在破解能源资源环境约束,实现节能减排和经济增长双重目标的过程中发挥了重要作用,因此在城市碳排放驱动因素的研究中必须考虑技术因素的影响。

(4)产业结构,以第二产业产值与第三产业产值的比值(IS)表征。第二产业主要包含采矿业,制造业,电力、燃气和水的生产和供应,以及建筑业。第二产业是能源资源消耗和 CO_2 排放的重点领域,占中国碳排放总量的近70%。研究者普遍认为第二产业在社会经济结构中的占比越高,地区 CO_2 排放量越高。相较而言,第三产业普遍附加值更高而单位 GDP 耗能更低,对于实现低碳经济和可持续发展意义非凡。因此,IS 值越低说明产业结构越合理,其意味着经济向"低污染、低能耗"方向发展。

(5)城镇化率,以城镇人口占总人口的比重(UR)表征。根据第 1.2.2 节中对已有的碳排放与城镇化关系的研究总结,可以发现城镇化率会极大地影响能源消耗,进而影响地区 CO_2 排放。因此,对城市碳排放驱动因素的讨论必须考虑城镇化率的影响。

表 6.4　STIRPAT 模型各变量说明

符号	变量	描述	单位
E	碳排放量	城市二氧化碳排放量	百万吨
P	人口	地区常住人口	万人
A	富裕程度	地区 GDP/总人口	元
T	能源强度	地区能源消费总量/地区 GDP	吨标准煤/万元
IS	产业结构	第二产业产值/第三产业产值	%
UR	城镇化率	城镇人口/总人口	%
FDI	外商直接投资	外商直接投资额/地区 GDP	%

(6)外商直接投资,以外商直接投资额占地区 GDP 的比重(FDI)表征。关于外商直接投资对于碳排放的影响存在两种截然相反的观点。一种观点认为,外商直接投资有利于引进国外先进技术,提高我国能源效率从而减少碳排放,即"污染光环假说"。另一种观点认为,发达国家倾向于将污染密集型企业转移到环境标准较低的发展中国家,这种外商直接投资的增加往往伴随着一些高污染行业的引入,会进一步加剧环境问题的恶化,这种观点被称为"污染天堂假说"。在实证研究中,这两种结论都存在。Hao 等(2015)和 Zhang 等(2016)的研究表明外商直接投资的增加有助于帮助我国降低碳排放。Sun 等(2017)却得出了完

全相反的结论：基于自回归分布滞后（auto regressive distributed lag，ARDL）模型和1980—2012年的时间序列数据，他们发现外商直接投资增加了中国的二氧化碳排放量。长三角地区作为"一带一路"与长江经济带的重要交汇点，是中国对外开放程度最高的区域之一，因而，在对长三角地区碳排放的影响因素的探讨中，必须考虑外商直接投资的影响。

拓展后的 STIRPAT 模型表现为以下形式：

$$\ln E = \ln a + b\ln P + c\ln A + d(\ln A)^2 + e\ln T + f\ln IS + g\ln UR + h\ln FDI + \ln\varepsilon$$

(6.8)

其中，a、b、c、d、e、f、g、h 是未知参数，和式(6.6)(6.7)中相关参数类似。

6.3.3 数据选择与模型检验

(1)数据及其来源

本章所使用的2005—2019年长三角地区41个城市的碳排放量数据主要来自第3章的测算结果。各城市常住人口、地区生产总值、第二产业和第三产业产值、外商直接投资则来自《中国城市统计年鉴》(2006—2020)。为了消除通货膨胀的影响，本章使用的经济指标数据均已调整为2005年不变价格。上海的能源消费总量数据来自《中国能源统计年鉴》(2006—2020)的分地区分品种能源消费表。浙江、安徽各城市的能源消费总量数据主要是依据《中华人民共和国政府信息公开条例》的第二十一条第一款和第二十二条分别向浙江省统计局和安徽省统计局提起申请公开获得。江苏各城市的能源强度数据则来自历年《江苏统计年鉴》和各城市统计年鉴，其中缺失数据均按插值法补足。各城市城镇化率则来自历年《浙江统计年鉴》《安徽统计年鉴》《江苏统计年鉴》及各城市统计年鉴和经济社会发展公报。

(2)数据平稳性检验

对于时间序列较长的面板数据，在回归前需要进行单位根检验，以避免"伪回归"的现象，从而确保估计结果的有效性。常见的单位根检验方法主要分为两类：一类是针对同质面板假设的 LLC、Breintung 方法，另一类是针对异质面板假设的 IPS、ADF-Fisher 和 PP-Fisher 方法。为了确保检验结果具有较强的稳健性和说服力，本章同时采用了 LLC 和 ADF-Fisher 方法对面板数据进行平稳性检验。其中 LLC 检验的原假设为"各截面序列具有相同单位根过程"，Fisher-ADF 检验的原假设为"各截面序列具有不同的单位根过程"。面板数据单位根检验的结果如表6.5所示。结果表明，在不同单位根检验方法下，各变量及整体面板数据的检验统计量均显著,因此,拒绝"具有单位根"的原假设,模型中的回归变量均平稳,可进行回归拟合。

表 6.5　面板数据单位根检验结果

变量	LLC 检验	Fisher-ADF 检验
$\ln P$	-9.8250^{***}	121.9178^{***}
$\ln A$	-8.0364^{***}	88.1420^{**}
$\ln T$	-4.6986^{***}	93.8684^{***}
$\ln IS$	-5.3573^{***}	70.3494^{**}
$\ln UR$	-20.6440^{***}	338.4108^{***}
$\ln FDI$	-11.5137^{***}	158.5913^{***}
$\ln C$	-27.4950^{***}	1276.0165^{***}

注:* 表示 $p<0.1$,** 表示 $p<0.05$,*** 表示 $p<0.01$。

(3)面板模型选择

面板回归模型可以分为固定效应模型(FE)、随机效应模型(RE)和混合模型(POOL)三大类。其中,混合模型是指方程的截距和斜率都一样,而固定效应模型与随机效应模型则一致认为截距和斜率是不同的。固定效应模型和随机效应模型的主要差异在于固定效应模型认为误差项与解释变量相关,随机效应模型则持相反假设。在实际研究中需要分别进行 F 检验、BP 检验和 Hausman(豪斯曼)检验,从而根据检验结果判断出最终应该选用哪种模型。

本章首先采用协方差分析方法对此进行检验,根据 F 统计量进行面板模型的判定。在给定的显著性水平下,如果 F 值拒绝原假设,则用固定效应模型进行估计,反之则选用混合模型进行估计。如果 F 检验结果显示选用固定效应模型,则还应进行 Hausman 检验,在固定效应模型和随机效应模型之间做出选择。其中,Hausman 检验的原假设为应选择随机效应模型,如果 p 值小于 0.05,则应拒绝原假设,建立固定效应模型。如果 F 检验结果显示应选用混合模型,则还应进行 BF 检验,比较混合模型和随机效应模型,如果 p 值小于 0.05,则应拒绝原假设,以随机效应模型为准,反之则应采用混合模型。

表 6.6 中呈现了面板模型的检验结果。数据表明,对于长三角城市群整体和中级城镇化城市的碳达峰影响因素评估应采用固定效应估计方法;对于初级城镇化城市和高级城镇化城市,则应该选择随机效应估计方法。

表 6.6　面板数据模型检验结果

区域	F 检验			Hausman 检验			BF 检验		
	F	p	结论	χ^2	p	结论	χ^2	p	结论
长三角整体	62.566	0.000	FE 模型	208.925	0.000	FE 模型	1141.060	0.000	RE 模型
初级城镇化城市	134.625	0.000	FE 模型	−49.943	1.000	RE 模型	388.876	0.000	RE 模型
中级城镇化城市	58.201	0.000	FE 模型	179.283	0.000	FE 模型	581.022	0.000	RE 模型
高级城镇化城市	13.733	0.000	FE 模型	−2.608	1.000	RE 模型	26.103	0.000	RE 模型

6.4　不同城镇化发展阶段碳达峰影响因素异质性分析

6.4.1　不同城镇化发展阶段城市主要特征

鉴于驱动因素对碳达峰的影响在不同发展阶段可能存在阶段性差异，我们中对不同城镇化发展阶段碳达峰影响因素异质性进行了分析。整体来看，长三角地区城市普遍处于初级和中级城镇化阶段（见表 6.7）。

表 6.7　不同城镇化发展阶段城市各指标范围

变量	单位	初级城镇化城市	中级城镇化城市	高级城镇化城市
碳排放量	百万吨	17.75 (5.73～30.65)	36.09 (5.63～78.96)	109.13 (62.42～234.07)
碳排放强度	吨/万元	1.01 (0.59～1.24)	0.77 (0.41～1.23)	0.61 (0.46～0.75)
地区常住人口	万人	381.69 (142.1～825.9)	491.60 (117.60～930.01)	1204.53 (2428.01～745.36)
人均 GDP	万元	4.62 (3.28～7.09)	9.58 (3.71～14.03)	14.95 (11.49～15.90)
能源强度	吨标准煤/万元	0.40 (0.26～0.828)	0.35 (0.18～0.96)	0.33 (0.25～0.47)
产业结构	%	0.87 (0.60～1.15)	0.94 (0.63～1.22)	0.56 (0.37～0.92)
外商直接投资额占地区 GDP 的比重	%	2.75 (0.34～5.31)	1.99 (0.32～8.69)	2.61 (1.65～3.45)

注：表格单元中的数字分别表示各指标的均值，最小值和最大值。

本章基于碳排放量、碳排放强度、人口、人均 GDP、能源强度、产业结构、外商直接投资等 7 个指标分别对三类城市进行分析,详细探讨不同城镇化阶段城市的特点。

其中,初级城镇化城市以亳州、宿州、蚌埠、阜阳、黄山、衢州等城市为代表。该类城市普遍人口规模较小,而且经济发展相对落后(人均 GDP 均值仅为 4.62 万元),因而整体碳排放量较低且增长较慢。由于传统产业的转型滞后或衰退,此类城市的第二产业与第三产业的比值平均达到 0.84,这说明整体产业结构也相对较差。此外,能源强度和碳排放强度为三类城市中最高水平,说明仍有较大的优化空间。

中级城镇化城市以淮北、淮南、芜湖、徐州、宁波、温州等城市为代表。这类城市人口规模较大,当前经济发展处于长三角地区中上游水平(人均 GDP 均值达 9.58 万元)。产业结构比值较高(第二产业与第三产业比值均值达到 0.94),经济发展依赖于传统工业,直接导致了这类城市碳排放量偏大,整体碳排放强度偏高。而且这些城市经济发展仍处于上升阶段,如果维持当前的产业结构,碳排放量仍会有较大的增长,需要引起政策制定者的重视。此外,这类城市外商直接投资额占 GDP 比重的均值为 1.99%,对外开放水平整体偏低。

高级城镇化城市以上海、合肥、南京、杭州、苏州等城市为代表,主要是直辖市或各省省会城市。这类城市人口规模较大(地区常住人口均值达到 1203.53 万人),经济体量和发展水平明显高于长三角平均水平(人均 GDP 均值达 14.95 万元),因而城市碳排放量相对偏高,但其碳排放强度在三类城市中处于最低水平。第二产业与第三产业的比值约为 0.56,产业结构以服务业为主。同时,这类城市城镇化起步较早,在人力资源、科技水平和管理政策等方面具备领先优势,因而能源强度也处于长三角最低水平。此外,这类城市对外开放程度也偏高,外商直接投资额占 GDP 比重的均值达到 2.61%,属于较高水平。

6.4.2　不同城镇化发展阶段碳达峰影响因素分析

以城市碳排放量为因变量,人口、人均 GDP、能源强度、产业结构、外商直接投资为自变量,建立 STIRPAT 模型后,根据选择好的面板回归模型,利用 Stata 15.0 软件进行数据处理,最终得到长三角地区整体和不同城镇化发展阶段城市群的回归结果,具体数值见表 6.8。其中,R^2 均大于 0.87,说明模型拟合优度良好。接下来,将就全样本和分组样本中人口、人均 GDP、能源强度、产业结构、外商直接投资等因素对城市碳排放的影响进行具体讨论。

表 6.8　面板模型回归结果

	长三角地区整体	初级城镇化城市	中级城镇化城市	高级城镇化城市
$\ln P$	0.534*** (19.307)	0.521*** (12.273)	0.469*** (12.132)	1.149*** (24.408)
$\ln A$	0.490*** (21.971)	0.496*** (11.492)	0.524*** (16.255)	0.467*** (12.033)
$\ln A^2$	0.013** (1.146)	0.017* (2.332)	0.024* (0.425)	−0.031** (−0.673)
$\ln T$	0.054** (2.102)	0.170*** (3.092)	−0.004 (−0.129)	0.332*** (3.737)
$\ln IS$	0.279*** (14.587)	0.318*** (10.161)	0.271*** (8.242)	0.417*** (5.999)
$\ln UR$	0.070* (1.184)	0.058 (0.808)	−0.099* (−0.937)	0.318* (1.531)
$\ln FDI$	−0.016** (−2.183)	0.010 (0.841)	−0.010 (−1.145)	−0.089** (−2.163)
截距	−2.508*** (−6.881)	−3.563*** (−6.600)	−1.089 (−1.943)	−9.664*** (−9.922)
R^2	0.87	0.937	0.862	0.967
估计方法	FE	RE	FE	RE

注：表中，*、**和***分别表示在10%、5%和1%显著性水平下显著；表中各参数估计值下的括号中为 T 统计量值。

　　从长三角地区整体层面的估计结果来看，各驱动因素按弹性系数由大到小排序分别为人口、人均 GDP、产业结构、城镇化率、能源强度、外商直接投资，且均通过了显著性检验。其中，人口和人均 GDP 是促进城市碳排放增加的主要因素，其弹性系数分别达到 0.534 和 0.490，且均在 1% 水平下显著，这一结果与以往研究结果也较为一致（Li et al.，2012）。而人均 GDP 对数的二次项回归系数为正，说明在观测期间，长三角地区碳排放量和人均 GDP 没有出现倒 U 形关系，这与龚利等（2018）的研究结果一致。产业结构的弹性系数为 0.279，仅次于人口和人均 GDP，这可能是由于重化工、劳动密集型传统产业在长三角社会经济结构中占据了主导地位，而这些行业的特点就是高耗能和高排放。同时，城镇化进程中，人口的集聚往往伴随着工业化水平提升、社会财富集聚和居民消费水平提高，进而会导致全社会能源消耗的增加,因而在长三角地区整体模型中,城镇化的系数显著为正。此外,能源强度的弹性系数也显著为正,这意味着随着技术进步带来的能耗下降,长三角地区城市碳排放量也会下降。外商直接投资对长三角地区城市碳排放的抑制作用也十分显著,外商直接投资每增加 1%,碳排放量将下降 0.016%。

从分组样本回归结果来看,在不同城镇化阶段的模型中,人口和人均 GDP 是对城市碳排放影响最大的两个变量,其他驱动因素的影响程度和方向依然存在较大的区域性差异,具体如下。

(1)对于初级城镇化城市而言,产业结构和能源强度是除人口和人均 GDP 外导致城市碳排放增加最显著的两个变量,其弹性系数分别为 0.318 和 0.170。这类城市的第二产业与第三产业比值和能源强度都相对偏高,这说明整体产业结构相对较差,能源利用效率相对偏低。因而,产业结构调整和能源效率提升是降低初级城镇化城市碳排放的重点措施。而城镇化水平对碳排放的促进作用在这一阶段并不显著,这可能是因为这类城市经济发展相对落后,普遍存在人口流失现象。此外,外商直接投资反而会增加初级城镇化城市的碳排放,但是作用不显著。这可能是由于这些城市在外资引入过程中没有在产业能耗和排放方面设置严格的门槛,导致大量外资流入高能耗、高污染行业,反而增加了地区碳排放。

(2)在中级城镇化城市模型中,仅次于人口和人均 GDP,对城市碳排放起到显著作用的是产业结构和城镇化水平。与初级城镇化城市相同,产业结构对中级城镇化城市碳排放的作用显著为正,这说明产业结构调整仍是这一阶段城市节能减排工作的重点。城镇化水平的弹性系数为负,这可能是由于在这一阶段,城镇化带来的规模经济效应逐渐显现,其有助于加速产业发展,并为知识溢出和技术进步创造了条件,促进了新技术的产生和应用,从而提高了能源利用效率,推动经济向低碳、绿色、循环方向转型,最终减少城市碳排放。在这一阶段,能源强度与城市碳排放呈现负相关,虽然并不显著,这是由于尽管能源强度随着产业结构调整和技术进步而降低,但其下降速度小于经济快速发展带来的能耗增长速度,因此无法抵消 CO_2 排放的增加。但随着经济由快速增长期进入稳定期,增速逐渐放缓,能源强度下降对碳排放的抑制作用将重新显现。此外,外商直接投资有助于降低中级城镇化城市的碳排放,但作用不显著。

(3)在高级城镇化城市模型中,城镇化水平转而对城市碳排放呈现出显著的促进作用,同时外商直接投资对碳排放的抑制作用开始凸显。相较于初级和中级城镇化城市,城镇化水平对高级城镇化城市碳排放的正向作用尤其明显,这主要是由于城镇化发展的后期，郊区化和逆城市化趋势开始显现，这种低密度、高耗能的城市扩张现象往往伴随着基础设施的建设，显著增加了碳排放（Ding et al.，2017）。同时，外商直接投资在这一模型中弹性系数达到—0.089，且在5%水平下显著，说明可以进一步扩大高级城镇化城市的对外开放程度，提升外商直接投资额，发挥其对城市碳排放的抑制作用。此外，人均 GDP 对数的二次项回归系数为负，说明高级城镇化城市碳排放和人均 GDP 存在倒 U 形关系，符合理论假设。

第7章 长三角城市群碳排放达峰预测及对策建议

为了准确预测不同城市未来一段时期的碳排放情况,本章首先根据上一章已建立的 STIRPAT 模型和 2005—2019 年的历史数据,进行一次多元线性岭回归,得到各城市不同影响因素的拟合系数;然后运用情景设定法,针对不同情景,设置各地市的常住人口、人均 GDP、能源强度、产业结构、城镇化率、外商直接投资的变化趋势,用以预测不同地市未来一个时间窗口内的碳排放量,并根据其变化趋势分析各地市不同情景下碳排放峰值出现的年份及排放峰值量。

7.1 长三角城市群碳排放达峰预测模型

7.1.1 岭回归

岭回归估计是最小二乘估计的一种改进算法,它以放弃些许精确度为代价,获得更切合实际的回归方程。在算法上,相较于最小二乘法而言,岭回归在自变量标准化矩阵的主对角线元素上增加了一个单位矩阵,从而使估计的稳定性显著提高。岭回归估计本质上是一种有偏最小二乘估计,其优点是能够有效克服变量间的多重共线性问题,提高回归系数的稳定性和可靠性。因此,本章选择采用岭回归进行模型拟合。

根据长三角地区 41 个城市的岭迹图,本章选取了各城市岭迹路径趋于基本稳定时的 K 值,相应的岭回归拟合结果见表 7.1。数据显示,大部分变量的系数是显著的($p < 0.1$)。从表 7.1 中还可以发现,大部分城市的 R^2 均高于 0.87,这说明整体拟合度良好;且 F 检验值均在 1% 的水平上显著,回归方程显著,符合经济学意义检验。

表 7.1 长三角地区 41 个城市岭回归拟合结果

城市	lnP	lnA	$(\ln A)^2$	lnT	lnIS	lnUR	lnFDI	constant	K	R^2
上海	0.346***	0.078**	−0.039**	−0.081*	−0.053*	4.405**	−0.208*	−16.426	0.2	0.938
合肥	0.377**	0.102**	0.051***	−0.052	0.222*	0.379**	−0.066	−0.977	0.2	0.97
淮北	0.114*	0.071*	0.035**	−0.038	0.151***	0.297**	0.052***	0.029	0.34	0.931
亳州	0.14*	0.082**	0.041**	−0.147**	0.352***	−0.092	0.036*	1.527*	0.02	0.994
宿州	0.112*	0.078***	0.039***	−0.069*	0.207*	0.24***	0.057***	0.921	0.1	0.994
蚌埠	0.052*	0.091***	0.046***	−0.029	0.245***	0.394**	−0.001	−0.33	0.1	0.972
阜阳	0.02*	0.072**	0.036***	−0.089	0.164*	0.271***	−0.078	1.99**	0.2	0.962
淮南	0.087*	0.148***	0.074**	−0.134*	0.023	0.182	−0.057**	2.085	0.18	0.969
滁州	0.036*	0.091**	0.046**	−0.003	0.301***	0.35**	0.026	0.485	0.12	0.958
六安	0.05*	0.078*	0.039*	−0.113*	0.297***	0.214***	0.07**	1.101	0.15	0.981
马鞍山	0.258***	0.162***	0.081***	−0.13**	0.136*	−0.328*	0.05**	2.342**	0.1	0.984
芜湖	0.235***	0.157***	0.078***	−0.127**	0.176**	0.013	−0.167**	1.225	0.3	0.98
宣城	0.181*	0.207*	0.104***	0.236	0.248***	0.843**	−0.088	−4.603**	0.01	0.989
铜陵	0.216***	0.173***	0.086***	−0.176*	0.149	−0.083	0.063	1	0.03	0.986
池州	0.631***	0.153***	0.076***	0.148	0.466***	0.392***	0.128	−6.278**	0.1	0.965
安庆	0.12*	0.139*	0.07*	−0.122**	0.104*	0.076	0.081**	2.02**	0.11	0.985
黄山	0.408*	0.161**	0.08**	0.148	0.061	0.648***	0.163*	−3.993*	0.1	0.962
南京	0.869***	0.396***	−0.198***	0.513**	−0.011	−2.038	0.14	2.305	0.01	0.982
无锡	0.771**	0.279*	0.139*	−0.43*	0.229	−2.154*	0.018	8.846	0.01	0.974
徐州	0.163*	0.093***	0.046***	−0.127	0.078	0.405***	0.221*	1.249	0.1	0.947
常州	0.723***	0.423***	0.211***	0.943**	−0.209	−0.696	0.105*	−4.352	0.01	0.985

续表

城市	lnP	lnA	(lnA)²	lnT	lnIS	lnUR	lnFDI	constant	K	R²
苏州	0.246**	0.196**	0.098**	-0.08	-0.112*	0.481*	0.039	1.173	0.2	0.886
南通	0.856***	0.38***	0.19***	0.47*	0.655***	1.309***	0.122**	-14.392***	0.05	0.995
连云港	0.256*	0.092**	0.046*	0.31***	0.154	0.284**	0.052	-2.14	0.05	0.973
淮安	0.125*	0.067***	0.033***	-0.126***	-0.064	0.224***	0.099***	2.657**	0.1	0.983
盐城	0.148*	0.125**	0.062***	-0.133*	-0.262	0.421***	0.077**	2.821	0.1	0.979
扬州	0.233*	0.121***	0.061***	-0.162***	0.11	0.46*	0.086*	0.368	0.1	0.931
镇江	0.435*	0.227***	0.114***	0.667**	-0.132*	0.442*	0.074	-5.694**	0.1	0.97
泰州	0.204*	0.071***	0.036***	-0.251**	-0.084	0.398***	0.06	2.507	0.2	0.937
宿迁	0.286*	0.081**	0.041***	0.07	-0.416	0.213**	0.081	2.085	0.2	0.916
杭州	0.185*	0.051*	-0.025*	-0.093*	0.04	0.828***	-0.176	-0.287	0.3	0.891
宁波	0.128*	0.041	0.021	-0.118**	-0.014	0.589**	-0.075*	1.435	0.3	0.913
温州	0.166*	0.058*	0.029*	-0.092**	-0.014	0.511***	-0.025	0.723	0.4	0.885
嘉兴	0.2*	0.086**	0.043*	-0.095*	0.032	0.151*	-0.2**	2.239*	0.2	0.928
湖州	0.195*	0.058*	0.029**	-0.14**	-0.017	0.12	-0.074**	2.572	0.32	0.84
绍兴	-0.057*	0.071***	0.036***	-0.088***	-0.085*	0.2*	-0.044**	3.749**	0.58	0.887
金华	0.302*	0.06*	0.03*	-0.089*	-0.044	0.109	-0.07*	1.732	0.2	0.936
衢州	0.18*	0.049*	0.025*	-0.142*	-0.003	0.138**	-0.091**	1.746*	0.5	0.883
舟山	0.003*	0.113***	0.056***	-0.218***	0.023	0.935***	-0.014	-1.404	0.71	0.895
台州	0.291*	0.071**	0.035*	-0.181**	-0.061	0.29**	-0.027	1.589	0.54	0.87
丽水	0.115*	0.067***	0.034***	-0.138*	0.055	0.247**	0.028	2.522**	0.47	0.92

注：*是指在 10%的水平上显著，**是指在 5%的水平上显著，***是指在 1%的水平上显著。各变量含义见表 6.4。

7.1.2　情景设定

不同地区的潜在长期碳排放量会受到未来的一系列社会、经济因素变化的影响，因此，情景分析被广泛用于研究未来碳排放的趋势（Sun L L et al.，2022；Liu et al.，2018）。本章以 2019 年为预测值设置的基准年，通过设计三种情景模式，即基准（business as usual，BAU）情景、低速情景和高速情景，对长三角地区各城市 2019—2040 年的碳排放量进行预测。

（1）基准情景，即 BAU 情景，主要依据各城市的"十四五"规划和 2035 年远景目标纲要设定常住人口、人均 GDP、能源强度、产业结构、城镇化率和外商直接投资变化情况，反映当前政策情景下各城市未来的碳排放情况。

（2）低速情景，主要基于基准情景，设定各城市的常住人口、人均 GDP、能源强度、产业结构、城镇化率和外商直接投资情况均以较低速率发展和变化，反映节能情景下各城市未来的碳排放情况。

（3）高速情景，主要依据近五年各城市的常住人口、人均 GDP、能源强度、产业结构、城镇化率和外商直接投资历史数据的历史趋势设定各变量的变化幅度，反映当前发展状况下各城市未来的碳排放情况。相较 BAU 情景和低速情景而言，在此情景下各变量通常以较高速率在发展和变化。

7.1.3　参数设定

长三角地区 41 个城市在三种不同情景下的参数设定见附录。本节以杭州市为例，具体说明三种情景下各变量参数设定的方法。

(1)常住人口

根据杭州市发改委印发的《杭州市人口发展"十四五"规划》，基于人口预测模型，综合考虑未来杭州重大事件、环境因素的影响，预计到 2025 年，杭州市常住人口在低、中、高三种增速方案下，分别将达到 1342 万人、1370 万人、1423 万人，年均增速分别为 2.2%、2.7%和 3.4%，本书将其分别设置为低速情景、BAU 情景和高速情景下的人口增长率。考虑到预测周期较长，人口不可能持续高速增长，所以设计低速情景、BAU 情景和高速情景下的人口增长率分别每年减少 0.1、0.2 和 0.3 个百分点（即低速情景常住人口年均增速以 0.1、BAU 情景以 0.2、高速情景以 0.3 个百分点逐年降低，下同）。

(2)人均 GDP

《杭州市国民经济和社会发展第十四个五年规划和二〇三五年远景目标纲

要》显示,2016—2020 年杭州市 GDP 年均增速为 7%,预计到 2025 年,杭州市人均 GDP 将突破 18 万元,"十四五"期间年均增速约为 6%;因此,设定 BAU 情景下人均 GDP 增速为 6%,低速和高速情景下分别为 5% 和 7%。同时,根据历史数据可以发现,随着经济社会不断发展,人均 GDP 增长率在不断下降,经济趋于平稳发展;因此,设定低速情景、BAU 情景和高速情景下人均 GDP 增速每年分别按 0.2、0.3 和 0.4 个百分点下降。

(3)能源强度

主要依据《杭州市能源发展(可再生能源)"十四五"规划》所示,2015—2020 年杭州市单位 GDP 能耗累计下降 22.4%,年均下降率约为 4%。"十四五"期间的能源双控目标要求为杭州市单位 GDP 能耗由 2020 年的 0.29 吨标准煤/万元下降至 2025 年的 0.25 吨标准煤/万元,年均下降率约为 3%;因此,设定 BAU 情景下能源强度下降率为 3%,低速和高速情景下则分别为 4% 和 2%。同时,也设定了三种不同情景下能源强度下降率分别以每年 0.1、0.2 和 0.3 个百分点减缓。

(4)产业结构

主要依据历史数据和杭州市"十四五"规划设定。杭州市三次产业结构由 2015 年的 2.9∶38.9∶58.2 调整为 2019 年的 2.1∶31.4∶66.5,第二产业与第三产业的比值由 0.67 下降为 0.47,年平均下降率约为 9%。《杭州市国民经济和社会发展第十四个五年规划和二○三五年远景目标纲要》中提出,到 2025 年,杭州市服务业增加值突破万亿,达到 10959 亿元,同比增长 5.0%,在全市 GDP 中的比重为 68.0%。因此,设定低速情景、BAU 情景、高速情景下杭州市第二产业与第三产业比值的下降率分别为 8%、7% 和 6%,下降率分别按 0.1、0.2 和 0.3 个百分点逐年降低。

(5)城镇化率

"十三五"期间,杭州市常住人口城镇化率由 2015 年的 75.3% 上升至 2020 年的 79.5%,累计增长 4.2%,年均增长率为约 1%。杭州市"十四五"规划提出,截至 2025 年,常住人口城镇化率应达到 82% 以上,年均增长率在 0.7% 左右。因此,设定 BAU 情景下城镇化率增长率为 0.7%,低速和高速情景下分别为 0.2% 和 1%。同时,设定 BAU 情景和高速情景下城镇化率增速分别每年降低 0.1 和 0.2 个百分点,以趋近真实情况。

(6)外商直接投资

杭州市致力于打造成为"一带一路"枢纽城市,近些年,在健全外商直接投资准入管理政策、优化投资环境、提升投资自由化便利化水平、完善重大外资招引和支持政策等方面做出了诸多努力。《杭州市国民经济和社会发展第十四个五年规划和二〇三五年远景目标纲要》中提出，"十四五"期间，杭州市实际利用外资将从 2020 年的 72.02 亿美元上升至 2025 年的 75 亿美元，年均增长率约为 1%；因此，设定 BAU 情景下杭州市外商直接投资年均增长率为 1%，低速和高速情景下分别为 2% 和 0.5%。

7.2 不同城镇化发展阶段城市碳达峰分析

7.2.1 高级城镇化城市：率先达峰

整体而言，在低速情景、BAU 情景和高速情景下，大部分高级城镇化城市将在 2030 年前率先实现碳达峰的目标。进一步观察三种不同情景下的碳排放峰值，可以发现，高速情景下的碳排放峰值普遍高于低速情景和 BAU 情景下的碳排放峰值；但在达峰之后，高速情景下的 CO_2 排放量往往会以比低速情景和 BAU 情景更快的速度下降（见图 7.1）。这主要是由于在高速情景的前期，常住人口、人均 GDP 和城镇化率以较高的速度不断增长，迅速达到了城市资源环境综合承载力的极限，转而进入发展的平台期，人口增长和经济发展对碳排放的拉动作用逐渐削弱；同时，产业结构调整、能源强度优化、外商直接投资增加对碳排放的抑制作用日益凸显。两相叠加，最终促使高速情景下的 CO_2 排放量在达峰后快速下降。

从不同城市的碳排放达峰情况来看，其中上海达峰时间较早，在低速情景下，上海的 CO_2 排放量会在 2019 年达到峰值 2.34 亿吨，而在 BAU 情景和高速情景下，上海 CO_2 排放量的达峰时间分别为 2025 年和 2027 年，峰值分别为 2.44 亿吨和 2.7 亿吨；这主要是由于上海作为长三角重要的经济中心，城市的经济发展与碳排放已呈现脱钩趋势，其能源供应主要依靠外地调入，产业结构的低碳转型已基本完成。苏州和无锡的整体碳排放达峰时间则相对较晚，其中苏州在低速情景、BAU 情景和高速情景下的达峰时间分别为 2032 年、2030 年和 2029 年，峰值分别为 1.68 亿吨、1.7 亿吨和 1.75 亿吨，无锡在低速情景、BAU 情景和高速情景下的达峰时间分别为 2029 年、2028 年和 2028 年，峰值分别为 0.82 亿吨、0.86 亿吨和 0.93 亿吨；相较其他高城镇化水平城市而言，苏州和无锡产业结构较重（第二产业占比均在 47% 以上），经济发展依赖于传统工业，且能源强度较高，这直接导致这两个城市的碳排放达峰相对滞后。

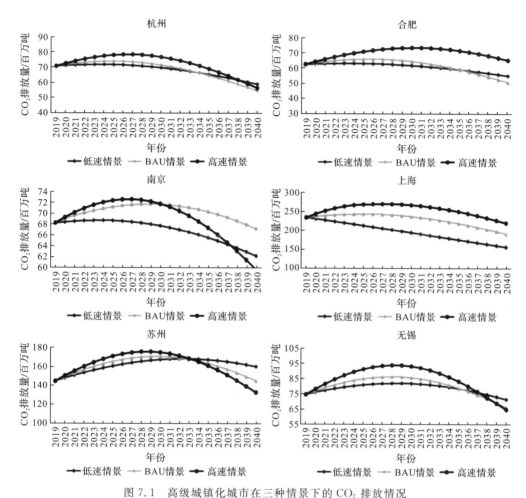

图 7.1　高级城镇化城市在三种情景下的 CO_2 排放情况

7.2.2　中级城镇化城市：稳步达峰

整体来看，各中级城镇化城市将在 2026—2030 年间稳步实现碳达峰目标（见图 7.2）。在 BAU 情景下，大部分中级城镇化城市将于 2028 和 2029 年实现碳达峰，只有淮安和嘉兴进程稍慢，将于 2031 年实现碳达峰，峰值分别为 0.39 亿吨和 0.17 亿吨。在低速情景下，有 16 个中级城镇化城市能在 2030 年前完成碳达峰的目标，达峰时间主要集中在 2026—2030 年。徐州、淮安、盐城、扬州、泰州、舟山碳达峰进程相对滞后，将在 2031—2034 年实现碳达峰目标，宿迁在研究期间则未呈

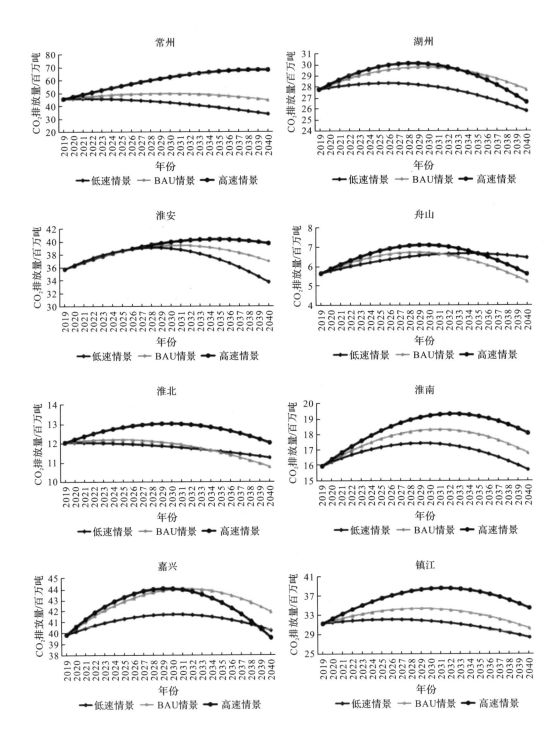

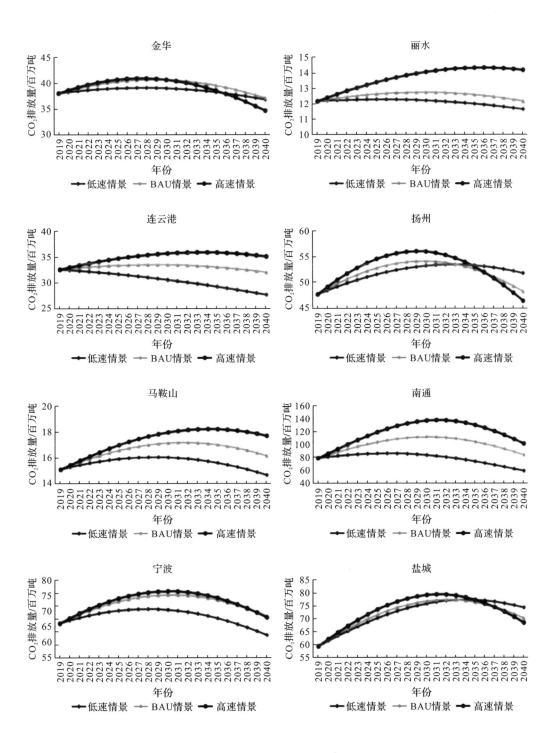

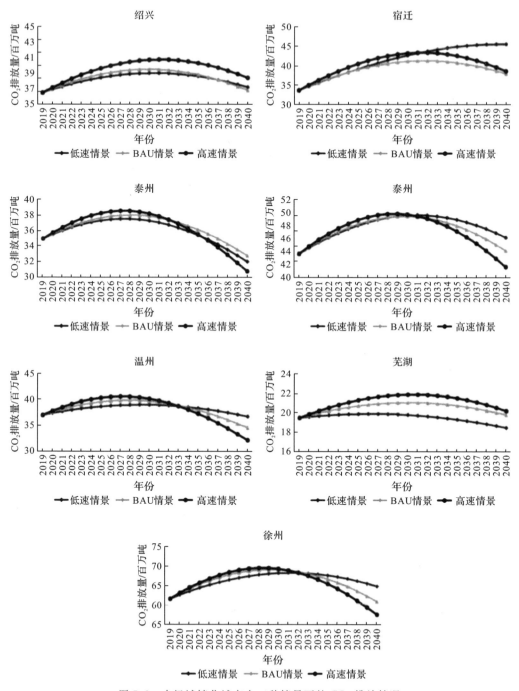

图 7.2　中级城镇化城市在三种情景下的 CO_2 排放情况

现出达峰趋势。在高速情景下,仅有 60% 的中级城镇化城市能于 2030 年前实现碳达峰目标,其达峰时间主要集中在 2027—2030 年间。此外,淮南、马鞍山、芜湖、南通、连云港、镇江、绍兴的 CO_2 排放量预计在 2031—2035 年间达到峰值,常州和丽水的 CO_2 排放量则在 2035 年后才显现出达峰趋势。

总体而言,各中级城镇化城市普遍能在两种及两种以上情景下稳步实现碳达峰目标。其中,淮北、宁波、温州、湖州、金华、台州和丽水七个城市的 CO_2 排放量在三种情景下均能于 2030 年前达峰;淮南、芜湖、徐州、常州、南通、连云港、盐城、扬州、镇江、泰州、宿迁、嘉兴、绍兴、舟山 14 个城市可以在两种情景下实现 2030 年前碳达峰的目标,这说明这些城市已基本具备达峰条件;而淮安和马鞍山仅能在一种情景下完成达峰目标,这意味着这两个城市尚不具备达峰条件,当地政府应加强对城市低碳发展的重视,尽快调整能源和产业结构,加大非化石能源在城市能源消费中的占比,推动高耗能产业逐步退出中心城区,实现城市经济发展的绿色化、低碳化转型。

7.2.3　初级城镇化城市:低值达峰

相较于高级和中级城镇化城市而言,各初级城镇化城市将以较低的碳排放水平实现达峰目标(峰值均在 0.27 亿吨以下)(见图 7.3)。下面将分情景对初级城镇化城市的碳达峰情况进行具体分析。其中,在 BAU 情景下,仅有六个初级城镇化城市在 2030 年前呈现出达峰趋势,此外,阜阳、滁州、六安、铜陵、安庆五个城市的碳达峰进程则相对较慢,预计将在 2033—2037 年实现达峰目标。在低速情景下,约 73% 的初级城镇化城市的 CO_2 排放量能在 2030 年前达到峰值,而在高速情景下,则仅有宿州和衢州能在 2030 年实现达峰目标,其峰值分别为 0.25 亿吨和 0.14 亿吨。

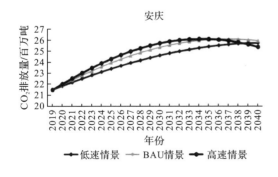
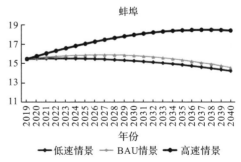

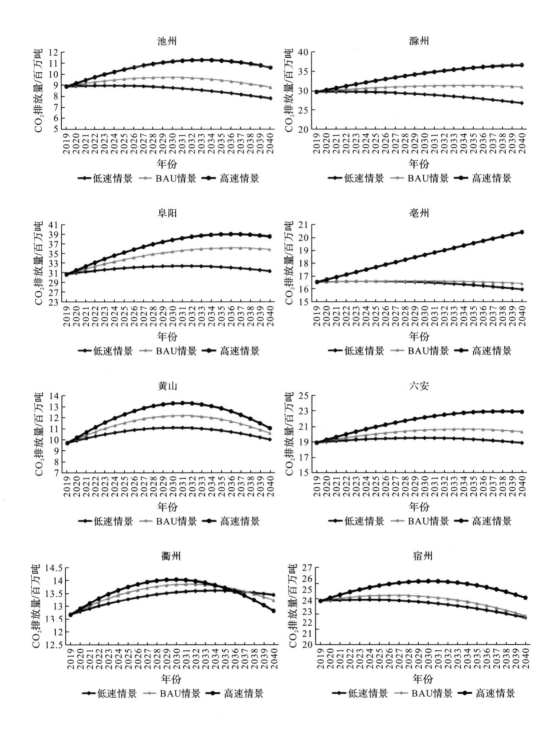

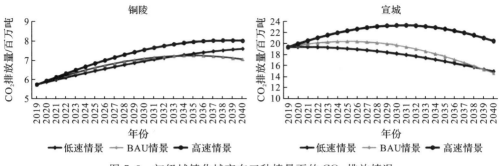

图 7.3　初级城镇化城市在三种情景下的 CO_2 排放情况

就城市层面而言,各初级城镇化城市普遍可以在一种及一种以上情景下实现 2030 年前达峰的目标。其中,宿州、蚌埠、宣城、池州、黄山、衢州六个城市的碳排放可以在两种情景下于 2030 年前达到峰值,阜阳、滁州、六安三个城市的碳排放可以在一种情景下于 2030 年前达到峰值,而铜陵和安庆在三种情景下均无法于 2030 年达到峰值。这是由于大部分初级城镇化城市尚处在工业化和城镇化阶段的早期,产业结构偏重,能源强度较高,经济发展仍在加速阶段,尚有较大的上升空间,因此碳排放在未来较长时期内仍呈现不断增长的趋势。

7.3　长三角城市群碳达峰总体情景分析

7.3.1　长三角城市群总体达峰情况

长三角城市群作为我国经济发展的重要引擎,代表国家先行发展区实现"双碳"目标,对我国实现整体生态文明建设目标具有重要作用。2019—2040 年长三角城市群整体的碳排放情况可由城市层面数据和模型结果汇总得到,具体见图 7.4。可以看到,2019—2040 年长三角地区碳排放总量明显呈现先上升、至达峰、后下降的趋势。

整体来看,长三角地区有望在"十五五"期间(2026—2030 年)完成碳达峰目标。其中,在 BAU 情景下,长三角城市群的 CO_2 排放量从 2019 年的 1698 百万吨迅速增长至 2028 年的 1889 百万吨并达到峰值,后续 CO_2 排放量逐年减少,2040 年 CO_2 排放量较峰值下降 12.9%。低速情景下,长三角城市群 CO_2 排放量将在 2027 年达峰,峰值为 1771 百万吨,2040 年排放量较峰值减排 9.8%。高

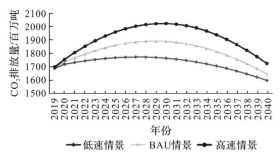

图 7.4　2019—2040 年长三角城市群整体碳排放情况

速情景下,长三角城市群 CO_2 排放量预计于 2030 年达峰,峰值为 2021 百万吨, 2040 年下降至 1723 百万吨,较峰值减排 14.8%。综上所述,长三角城市群 CO_2 排放量很可能最早在 2027 年达到峰值,峰值和累计排放量分别为 1771 百万吨 和 37879 百万吨。与此同时,长三角城市群最晚碳达峰时间预计为 2030 年,峰 值和累计排放量分别为 2021 百万吨和 41909 百万吨。这一结论与世界资源研 究所(2021)、曹丽斌等(2020)和岳书敬(2021)的研究结果基本一致。

7.3.2　最优达峰情景选择分析

第 7.2 节对 2019—2040 年长三角地区 41 个城市的碳排放情况进行了分析, 可以发现,由于经济社会发展状况的不同,不同发展阶段的城市达峰情况存在很 大差异。其中,高级城镇化城市的经济和技术水平较高,有望率先碳排放达峰,如 上海;而初级城镇化城市尚处于经济发展的加速阶段,产业结构偏重,技术水平较 低,普遍需要用比长三角地区平均水平更多的时间来碳排放峰值,但其峰值水平 往往也较低,如衢州。此外,同一发展阶段不同城市的达峰情况也存在很大差 异。如在中级城镇化城市中,七个城市均能于 2030 年前达峰,14 个城市可以在 两种情景下如期实现达峰的目标,而淮安和马鞍山仅能在特定的一种情景下完 成达峰目标。总而言之,长三角地区 41 个城市同步实现碳达峰是不现实的。因 此,需要根据不同城市的发展现实,差异化分配减排任务和制定减排路径。

现有的区域碳达峰研究主要讨论某一地区是否能在 2030 年前实现碳达峰, 而缺乏对碳中和目标的综合考量,这导致达峰路径选择主要关注的是达峰时间和 峰值,缺乏对累计碳排放量的关注,但一味追求达峰时间的提前可能会带来累积 排放量增加的风险,不利于未来碳中和目标的实现。因此,本章在为每个城市选 择最优路径时,将综合考虑达峰时间、峰值和累计碳排放量等因素。本章的累计碳排放量是指各城市在 2019—2040 年的 CO_2 排放总量。

　　首先,根据前面的分析,可以将这 41 个城市分为四类。第一类城市为在三种情景下均能在 2030 年前实现达峰目标的城市,这些城市普遍经济社会发展和技术水平较高,能以较低的碳排放支撑经济高速增长,即能以较小的环境代价换取较大的社会财富增长。因此,这类城市的最优达峰路径的选择应综合考量经济发展和碳排放,选择 BAU 情景和高速情景中累计碳排放量最小的方案,其中,上海、无锡、合肥、苏州和杭州应选择 BAU 情景作为最优达峰路径,而南京应选择高速情景作为最佳路径。第二类城市为在两种不同情景下能在 2030 年前实现达峰目标的城市。考虑到"2℃共识目标"的需要,这类城市应在满足 2030 年前达峰的情景中选择具有最小累积碳排放量的方案进行规划。例如,扬州和舟山应选择 BAU 情景作为最佳达峰路径,而镇江和嘉兴更适合低速情景,泰州则更适合高速情景。第三类城市为仅能在一种情景下满足 2030 年前达峰的城市,此时达峰时间是选择最佳路径时的主要侧重点。因此,淮安适合高速情景,而马鞍山应选择低速情景作为最佳路径。最后一类城市为在三种情景下均无法在 2030 年之前达峰的城市,应选择累计碳排放量最小的情景作为实现长三角地区整体达峰目标的最佳途径。因此,铜陵应选择 BAU 情景,而安庆应选择低速情景。综上所述,在同时考虑达峰时间和累积排放量的情况下,长三角地区 41 个城市的最优达峰路径见表7.2。

表 7.2　同时考虑达峰时间和累积排放量下的 41 个城市的最优达峰路径

低速情景	BAU 情景	高速情景
淮南、马鞍山、芜湖、常州、南通、连云港、镇江、嘉兴、绍兴、宿州、蚌埠、阜阳、滁州、六安、宣城、池州、安庆、黄山、衢州	上海、无锡、合肥、苏州、杭州、淮北、盐城、扬州、宿迁、宁波、舟山、丽水、铜陵、亳州	南京、徐州、淮安、泰州、温州、湖州、金华、台州

7.4　碳中和愿景下长三角城市群碳达峰对策建议

　　通过对不同城镇化发展阶段城市碳排放影响因素的异质性分析,可以发现,除影响最大的常住人口和人均 GDP 外,其他驱动因素对碳排放的影响程度和方向在不同城镇化阶段城市中存在较大差异。因此,本章将基于影响因素和情景预测的结果,结合城市实际情况,因地制宜,分别就初级、中级和高级城镇化城市碳达峰关键任务提出对策建议,为长三角城市群碳达峰战略和减排政策的制定提供参考,助力我国碳中和愿景实现。

7.4.1 初级城镇化城市:明确达峰时间,发展低碳工业

(1)明确达峰时间,力争与长三角整体同步达峰

根据各城市碳达峰预测结果来看,初级城镇化城市普遍只能在一种或两种情景下于2030年前实现碳达峰,其中铜陵和安庆在三种情景下均未于2030年前呈现出碳达峰的趋势,但初级城镇化城市峰值水平均较低(在0.27亿吨以下),这说明这类城市将有望以较低的碳排放水平实现达峰目标。因此,对于初级城镇化城市而言,碳达峰工作的重点在于明确具体的达峰时间,提出为达成达峰目标的分解落实机制,倒逼各项工作加快推进,力争与长三角地区整体同步实现碳达峰。

在经济增长与碳排放尚未脱钩的情况下,碳排放权即意味着地区发展权(杨泽伟,2011)。考虑到这些城市尚处于城镇化的初级阶段,仍有较大的发展空间,不宜采取过于严苛的碳减排政策。各地政府应综合考虑本地发展状况、资源禀赋、战略定位、生态环保等要素,在兼顾发展需要的前提下,研究并提出科学的城市碳达峰行动方案,通过明确达峰时间形成倒逼机制,推动碳达峰各项工作真正落地。在城市碳达峰行动方案中,应明确具体达峰年和达峰值目标,并在年度政府工作报告中予以确认。在执行落实阶段,各市政府应牢牢抓住达峰路径目标管理体系的"牛鼻子",从七大关键领域和细分领域分别落实行动,明确关键指标和负责部门;各部门应按照任务分工,结合职责,抓好碳达峰具体工作推进和任务落实;同时,各市政府还应建立科学合理的评估机制,对部门及区县的碳达峰工作进行跟踪评估、监督检查,根据反馈结果调整工作力度,确保各项任务顺利落实,争取长三角地区同步实现碳达峰。

(2)加快重点行业转型与升级,发展低碳工业

由第7.3节的分析结果可知,产业结构是除常住人口和人均GDP外对初级城镇化城市碳排放影响最大的因素。相较于长三角其他城市而言,这类城市普遍人口规模较小,而且经济发展相对落后,由于传统产业的转型滞后或衰退,产业结构普遍偏重、偏传统,以原材料和初加工产业为主,工业能耗消费占比较大,且工业部门是其主要的碳排放源。因此,初级城镇化城市实现碳达峰和深度脱碳的关键在于工业体系内部结构的调整,这就要求存量提升和增量引进两手抓,发展低碳工业。

一方面,加快淘汰落后产能,引导高碳低效行业提质增效,实现存量提升。通过开展高消耗、低产出、高污染行业专项整治,加快钢铁、石化、纺织、化工等高耗能行业的绿色治理,同时严格控制"两高"(高耗能、高排放)项目盲目发展。以低效用地和"四无三高两低一提升"为重点,坚持正向激励和反向倒逼相结合,全面整治提升"低散乱"企业,坚决处置高碳低效企业,加快淘汰落后产能。此外,将碳排放评价纳入重点行业环境影响评价体系,大力推进高耗能行业的节能改造,以延伸产业链、提升价值链为方向,引导工业企业由低端生产向高端制造转型,推动传统产业高端化、智能化、绿色化发展,加快新旧动能转换。

另一方面,可以依托区域一体化发展战略,承接核心城市产业外溢,推动低碳产业引进(郭艺等,2022)。近年来,为了降低成本,核心城市纷纷把制造加工环节转移到周边地区,出现了"去工业化"现象,为落后地区承接产业转移创造了条件;与此同时,新能源、节能环保、信息技术等战略性新兴产业凭借其综合能耗低、产品附加值高、经济效益强等优势,逐渐成为发达地区经济发展的重点。这种发达地区的产业升级可以通过区域之间的产业承接,进而转移到落后地区。因此,初级城镇化城市可以依托区域一体化发展战略,积极承接长三角发达地区产业外溢,实现产业结构优化,带动地区经济向低碳化转型。

(3)加强低碳技术引进和研发,缩小技术差距

由前文的分析可知,能源强度对初级城镇化城市碳排放也具有显著的正向作用。技术进步带来的能源强度下降,可以有效减少能源消费,从而降低城市碳排放。然而,与中级和高级城镇化城市相比,初级城镇化城市的能源强度普遍偏高。这是由于中高级城镇化城市的城镇化进程开始较早,在人才资源、科研资金等方面具有先发优势,为知识溢出和技术进步创造了条件。因此,为完成 2030 年前碳达峰的目标,初级城镇化城市应加强低碳技术的引进和研发,缩小与中高级城镇化城市的技术差距。

在低碳技术引进方面,初级城镇化城市应基于钢铁、化工、纺织、石化等高碳行业减污降碳的需要,瞄准国内外先进水平,有针对性地引进节能降碳技术,并加强其在重点工业行业中的推广与使用,从而促进这些高耗能行业的绿色低碳转型升级,实现产业可持续发展与节能减排的双赢。如钢铁行业应重点关注高温高压干熄焦、焦炉煤调湿烧结余热发电等技术,水泥行业应重点推广非碳酸盐原料替代石灰石、纯低温余热发电技术,石化行业则应鼓励低位能余热吸收制冷、高效脱硫脱碳等技术的使用。

在绿色低碳重大技术攻关方面,初级城镇化城市应积极开展应对气候变化领域的区域交流合作。聚焦新能源与可再生能源利用、节能与能效提升、CCUS 等关键核心领域，加强与长三角地区科研院所、高等院校和企业的科技交流，深入开展科研联合攻关、研究平台共设、人才联合培养等多领域合作，提升低碳发展水平。推进重大节能技术的创新与研发，强化氢能终端运用的技术突破，不断提高钢铁、建材、有色金属、化工和石化等高能耗行业中氢能等清洁能源的使用比例。

7.4.2 中级城镇化城市：设定达峰目标，建设紧凑型城市

(1)科学设定达峰目标，稳步推进达峰进程

分情景的城市碳排放预测结果表明，中级城镇化城市普遍将于 2026—2030 年稳步实现达峰目标，但各城市的达峰情况具有较大差异。其中，淮北、宁波等七个城市在三种情景下均能于 2030 年前达峰，而淮安和马鞍山仅能在一种情景下完成达峰目标，各城市的达峰基础条件具有较大差异。因此，中级城镇化城市应充分考虑区域差异，准确把握自身发展定位及发展实际，科学制定本地区碳达峰行动方案，明确达峰年及峰值目标，并对任务目标进行分解落实，提出符合实际、切实可行的碳达峰时间表、路线图、施工图，稳步推进达峰进程。

中级城镇化城市中的常州、镇江、宁波和温州等均曾经提出在 2020 年达峰，但是从碳排放的预测结果来看，这些城市实际上很难在 2020 年实现达峰目标。因此，建议各城市在提出达峰目标的基础上，秉承自上而下和自下而上相结合原则，加快制定能源、工业等重点领域碳达峰专项实施方案和技术创新专项保障方案，形成完善的政策体系，推动碳达峰目标真正落地。同时，各城市应强化指标约束和政策激励，在分解、下达碳排放强度降低和区域碳达峰目标的同时，实施目标责任制和考核评价制度，对各部门及区县的年度"双碳"工作进展监测评价，完善考核激励机制。指标完成的绩效应当与职位晋升和公开评选奖励机制挂钩，未完成的部门及区县应当进行内部原因分析和联席会议汇报。

(2)大力发展低碳服务业，推动产业低碳化转型

第 7.3 节的研究结果表明，产业结构调整对中级城镇化城市碳排放有显著的正向作用，这意味着优化产业结构依然是中级城镇化城市实现深度脱碳的重要途径。然而，不同于初级城镇化城市，中级城镇化城市虽然第二产业占比高，但整体能源强度处于中低水平。这意味着该类城市处于工业化发展的中后期，已经基本实现了辖区内"两高"产业和落后产能的压缩与淘汰，仅从工业体系内部结构调整着手推进产业节能降碳的难度较大且减排空间有限，还可考虑从优化第一产业、第二产业和第三产业的整体结构着手，进一步提高服务业增加值占中级城镇化城

市 GDP 的比重,建立健全绿色低碳发展的经济体系。

服务业总体能耗偏低且发展潜力巨大,大力发展服务业尤其是生产性服务业,有助于实现经济发展与节能减排的双重目标。世界资源研究所(2021)基于世界银行数据库对部分碳达峰国家的产业结构进行分析,发现这些国家在其达峰年份的服务业增加值占 GDP 的比重均在 60% 以上,而 2019 年长三角地区中级城镇化城市服务业增加值占其 GDP 的比重仅为 46%。这意味着,中级城镇化城市的服务业发展水平较实现达峰目标仍有较大的差距。未来,为更好地推动中级城镇化城市碳达峰目标的完成,需要大力发展低碳服务业,支持金融、旅游、现代物流业的创新与发展,推动其服务业比重对标发达国家水平。

(3)适度提升城镇人口密度,建设紧凑集约型城市

前文的研究结果表明,不同于初级和高级城镇化城市,城镇化率对中级城镇化城市的碳排放呈现出显著的抑制作用。这是因为这类城市处于城镇化的稳定期,城市基础设施建设已基本完成,此时城镇化进程的进一步深化,会提高城市人口密度,可以通过公共交通和集中供暖等形式发挥集约效应来抑制能耗上升,推动城市向紧凑型发展;同时,人口与产业集聚形成的规模经济效应有效促进了生产集约化和技术创新,推动了能源使用效率的提高,从而抑制城市碳排放。因此,可以适当提高中级城镇化城市的人口集中度,通过建设紧凑集约型城市,降低能源消耗总量(龙惟定等,2010)。

未来,中级城镇化城市应秉承以人为本的理念,加快推进新型城镇化建设,优化城市空间布局,建设紧凑型城市。在人口集中方面,实行开放的人才引进政策,优化教育、医疗、文体等公共服务资源的配置,以完善的生活配套和政策支持吸引外来人才落户;同时,强化农业转移人口创业就业的政策扶持,提高农业转移人口素质和城市融入能力,有序推进农业转移人口市民化。在空间优化方面,合理规划城市功能区,严格控制新增建设用地增长,防止城市向外无序扩张,科学配置交通与公共服务基础设施,打造紧凑型空间格局,实现对土地和能源的集约化利用,形成低碳宜居的生活空间。

7.4.3　高级城镇化城市:率先"低位"达峰,关注民生领域

(1)加强排放总量控制,率先实现"低位"达峰

分情景的城市碳排放预测结果表明,高级城镇化城市普遍在三种情景下均能率先实现碳达峰目标。这是由于这些城市普遍城镇化进程开始较早,在人力资本、科技创新和管理政策等方面都具备先发优势,且大部分已基本完成产业结构

的低碳化转型。整体来看，产业结构较轻，能源结构较优，能源效率较高，已基本具备达峰条件。因此，对于这部分城市而言，需要在率先实现碳达峰的基础上适当控制达峰峰值，强化排放总量控制，实现"低位"达峰，为下一步碳中和愿景的实现奠定扎实基础。

这就要求各高级城镇化城市以碳中和为目标，率先探索深度脱碳路径，进一步降低达峰峰值，为其他相对落后地区的发展预留一定的排放空间。鉴于这些城市普遍经济较发达，可以创新性地通过多种市场化手段引导市场资金推动城市低碳转型发展，有效降低地区碳排放的控制成本。各城市应从顶层设计出发，研究出台绿色债券、绿色信贷、绿色保险等配套政策，建立多元化、多层次、多渠道的科技投资融资体系，引导社会资本加大对绿色低碳优势产业的投入，参与绿色低碳及新能源技术的研发应用、低碳产品生产对及节能改造、碳排放权交易等活动，发挥市场高效配置资源优势，倒逼能源结构优化，挖掘减排空间。同时，积极建设新型达峰示范区，开展多领域低碳发展试点示范，总结相关经验及做法，加强与其他地区的经验交流，宣传推广低碳发展的有效做法及典型案例，为其他城市实现达峰提供模范和借鉴。

（2）推进民生领域节能降碳，倡导低碳生活方式

对于高级城镇化城市而言，城镇化率对碳排放的正向作用尤为显著，这说明人口增长和集聚与碳排放总量之间存在着同步增长效应。其主要原因是，人口向城市聚集后，伴随着收入增长而来的城镇化生活方式带来了能源消耗的增加；此外，城镇化后期阶段人口过度集聚产生的规模不经济现象开始显现，如交通拥堵等情况频繁发生，这对能源消耗造成了不利影响。因此，高级城镇化城市应着力推进民生领域节能降碳，倡导低碳生活方式，缓解消费侧碳排放的压力。

建筑和交通领域是与民生息息相关的两大碳排放源（林伯强，2022），因此，应着力从建筑和交通入手，推进民生领域节能改造。在绿色低碳建筑方面，提高基础设施和建筑质量，防止大拆大建；因地制宜，差异化推进老旧小区改造，增加保温节能功能，同时积极引导新建建筑落实建筑节能标准；强化办公楼、商场等商业和公共建筑低碳化运营管理，推广墙体自保温、玻璃幕墙隔热遮阳、自然采光和墙面垂直绿化等成熟低碳技术。在绿色低碳交通方面，加快淘汰黄标车、老旧机车，加强新能源汽车和 LNG（液化天然气）车辆在交通运输领域的推广应用；优先发展公共交通，完善公交优先的城市交通运输体系，加快发展城市轨道交通、智能交通和慢行交通，鼓励绿色出行。同时，消费侧低碳转型还应关注个人微观层面，通过倡导低碳生活理念，普及节能行为和改变能耗习惯，使人们形成较好的行为惯性，达到良好的减排效果。

(3)扩大对外开放程度,提升利用外资质量和水平

在前文的研究结果中,可以发现外商直接投资对碳排放的作用在不同城镇化阶段城市中存在着较大差异。其中,在初级和中级城镇化城市中,外商直接投资对碳排放呈现出正向作用,但并不显著;而在高级城镇化城市中,外商直接投资则表现出对碳排放具有显著的抑制作用。这意味着外商直接投资的流入有助于减轻高级城镇化城市碳排放的压力。因此,高级城镇化城市应持续扩大对外开放,提升利用外资的质量和水平,充分发挥其在环境保护和碳减排方面的技术优势,推动经济绿色低碳转型。

因为发达国家的生产技术和工艺流程普遍优于国内现有水平,所以外商直接投资在带来雄厚的资本的同时,往往伴随着先进技术的引进,这种技术溢出效应能够促进本土企业的技术升级或通过企业竞争淘汰本地的落后产能,实现对本地碳排放的抑制。但是,如果不对外商直接投资的进入加以限制,部分资金可能会流入高耗能、高排放行业,反而加剧本地的环境问题。因此,需要健全外商直接投资准入政策,严格控制粗放型低技术水平产业的进入,鼓励和引导通信、电子设备等高新技术产业的进驻,促进技术引进和吸收并加强本土的技术自主创新能力,充分发挥外商直接投资的技术溢出效应,促进本土能源利用效率提升,从而降低碳排放。此外,应完善鼓励外资融入我国清洁低碳能源产业创新体系的激励机制,严格保护知识产权,优化投资贸易支持服务体系,提升投资自由化便利化水平,引导更多外资投入清洁低碳能源产业领域,为"双碳"目标的实现和经济绿色化发展转型注入更多动能。

第8章　浙江省工业部门碳达峰预测与实现策略研究

"双碳"是我国应对全球气候变化、实现绿色可持续发展的重要战略部署。2020年9月,我国明确提出了实现2030年前碳达峰和2060年前碳中和的战略目标,充分彰显了我国作为负责任大国的决心和担当;但同时,我们也应该清晰地看到这一战略目标背后的难题和挑战。我国目前正处在工业化和城镇化快速发展的重要历史时期。2019年,我国工业增加值占GDP的比重为39%,同期美国、英国和日本分别为18.64%、17.4%和29.1%。因此,虽然工业部门为我国经济的发展提供了强有力的支撑,但传统工业行业高能耗、高污染、高排放问题也成为我国实现低碳转型和高质量发展所必须面对的难题。

我国幅员辽阔,各省份经济发展水平和资源禀赋各不相同,在"双碳"目标下,各省份需要差异化制定达峰时间和达峰路径。浙江作为我国东部沿海经济最为发达的省份之一,理应在碳达峰、碳中和方面走在全国前列,为中西部地区发展预留空间。同时,浙江省工业经济和民营经济发达,2019年工业产值位居全国第四,工业产值占全省GDP的比重为36.6%,规上工业综合能耗12045.1万吨标煤,占全社会综合能耗的53.9%。初步测算,2019年,浙江工业部门CO_2排放总量为3.29亿吨,约占全省碳排放总量的61%。可见,浙江工业部门经济体量大、能耗总量高、碳排放占比重,但同时又面临压减高碳产能的空间不断缩小、产业低碳转型难度不断加大等巨大挑战。因此,研究浙江省工业部门碳达峰问题,对浙江省乃至全国工业部门实现"双碳"目标具有重要现实意义。

8.1　浙江省工业能耗和碳排放特征

8.1.1　工业行业分类

根据《国民经济行业分类》(GB/T 4754—2017),工业行业分为采矿业,制造业,电力、热力、燃气及水生产和供应业等三大类,又可以细分为 46 个子行业。根据相关文献和本章实际研究需要,本章将 46 个子行业归为九大工业行业,具体分类见表 8.1。

表 8.1　工业九大行业分类

行业	子行业
采矿	黑色金属矿采选业,有色金属矿采选业,非金属矿采选业
轻工	农副食品加工业,食品制造业,酒、饮料和精制茶制造业,烟草制品业,木材加工和木竹藤棕草制品业,家具制造业,造纸和纸品业,印刷和记录媒介复制业,文教工美体育娱乐用品制造业
纺织	纺织业,纺织服装、服饰业,皮革、毛皮、羽毛及其制品和制鞋业
石油	石油加工炼焦和核燃料加工业
化工	化学原料和化学制品制造业,医药制造业,化学纤维制造业,橡胶塑料制品业
建材	非金属矿物制品业
钢铁	黑色金属冶炼和压延加工业,有色金属冶炼和压延加工业,金属制品业
机电	通用设备制造业,专用设备制造业,汽车制造业,铁路、船舶、航空航天和其他运输设备制造业,电气机械和器材制造业,计算机、通信和其他电子设备制造业,仪器仪表制造业
电力	电力、热力生产和供应业,燃气生产和供应业,水生产和供应业

8.1.2　工业行业结构特征

浙江作为经济最为活跃的省份之一,近年来工业发展取得了长足进步,工业总产值从 2004 年的 18349.64 亿元增长到 2019 年 73174.6 亿元,翻了近两番。大部分行业保持持续增长态势,其中,机电行业增幅最大,增长了近四倍;较为特殊的是纺织行业，呈现先增后降的趋势，高位值是 2014 年的 10117.26 亿元，2019 年降至 7800.8 亿元，降幅 229%，这与近年来浙江省不断推行产业结构调整有直接关系。具体来看，2019 年机电行业工业产值占比最大，总产值高达 26074.8 亿元，而且从趋势来看，机电行业份额在不断加大（见图 8.1）。

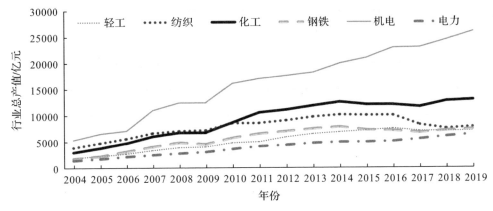

图 8.1 浙江省部分工业行业总产值

8.1.3 工业部门能耗和碳排放特征

浙江省工业部门整体能源消费量呈波动上升趋势，从 2004 年的 7236.8 万吨标煤增长到 2019 年的 12045.1 万吨标煤，增幅 66.4%。2011—2017 年浙江省工业部门能源消费增长较为缓慢，其间产业结构调整发挥了效应；而近年来，随着产业结构调整空间不断缩小，工业能耗又迎来新一轮增长（见图 8.2）。从具体行业来看，能源消费最大的是电力行业，在 2004—2019 年基本保持占全省能耗总量的 1/3 左右，因此，电力、热力行业是提高能效水平、进行能源管理的重点领域。在制造业中，能耗最大的是化工行业和纺织行业，化工行业占工业部门总能耗的比重为 15% 左右，且趋势较为平稳，纺织行业占比在 10% 左右，且呈现不断降低的趋势。

工业部门 85% 左右的碳排放来自能源消耗，因此，碳排放变化特征与能耗特征较为相似。近年来，浙江省工业部门的碳排放量呈现波动增长的趋势，从 2004 年的 1.98 亿吨增长到 2019 年的 3.29 亿吨，增长了 70% 左右。从分行业角度来看，碳排放比重最大的三个行业分别是电力行业、钢铁行业和建材行业，都属于传统高耗能行业，其碳排放量约占工业部门排放总量的 91.5%，其中占比最大的是电力行业，2019 年的碳排放量为 2.54 亿吨，占工业排放总量的 77.3%。从行业发

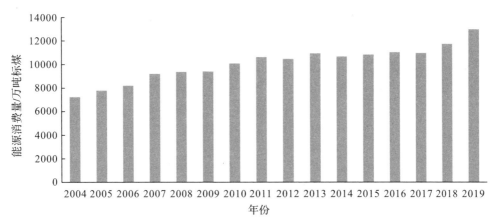

图 8.2　浙江省工业部门能源消费情况

展趋势来看,电力行业仍呈现平稳上升的趋势,这说明在碳中和愿景下,电力行业面临巨大的减排压力;建材和钢铁行业近几年则分别呈现稳中有降的势态,这说明传统工业行业转型升级及能效提升取得初步成效。

8.2　工业部门碳达峰预测模型构建与结果检验

8.2.1　工业部门 STIRPAT 达峰预测模型

关于碳排放预测,现学术界已有很多模型适用,比如 CMRCGE 模型(李继峰等,2019)、多目标模型(王深等,2021)、投入产出模型(谭萌等,2021)等,其中 STIRPAT 模型是 York 等在 IPAT 模型和 IMPACT 模型基础上提出的预测模型,该模型弥补了另两个模型存在的"所有因素均衡影响"的不足(陈占明等,2018)。STIRPAT 模型引入指数使得各变量系数能够作为参数进行估计,同时也可以对变量进行适当的调整,考虑了财富、技术等产生变动对环境造成的影响程度。本章选取 STIRPAT 模型对浙江省工业部门以及九大工业行业进行预测研究,表达式如下:

$$CE = \alpha GP^{\beta_1} EC^{\beta_2} CC^{\beta_3} EE^{\beta_4} \mu \qquad (8.1)$$

对式(8.1)左右取对数,得到:

$$\ln CE = \alpha + \beta_1 \ln GP + \beta_2 \ln EC + \beta_3 \ln CC + \beta_4 \ln EE + \ln \mu \qquad (8.2)$$

其中，因变量 CE 为工业碳排放量，代表 STIRPAT 模型中的环境因素；解释变量 GP 表示工业产值，与其他部门相比较，工业与经济的关联性更为强烈，工业产值通常反映部门经济发展状况和工业化发展水平；EC 为能源消费，能源消费是影响工业碳排放量重要且直接的因素；CC 表示煤炭消耗，用以指征能源结构；EE 为能源效率，用工业总产值/能源消耗量表示，用以指征技术因素（吕倩等，2020；袁晓玲等，2020）；α 为模型系数，β 为各自变量指数，μ 为误差项。本章变量选取的时间区间为 2006—2019 年，数据来源为浙江省统计局官网、《浙江统计年鉴》、《中国工业统计年鉴》等。

8.2.2   模型检验及测算结果

由于式（8.2）中四个指标之间存在多重共线性问题，因此，本章选取岭回归法来消除变量之间的多重共线性（黄蕊等，2013）。岭回归可以通过在自变量标准化矩阵的主对角线中添加非负因子 K 来消除多重共线性，虽然 K 值的加入会使得拟合度在一定程度上降低，但回归结果将会更为精确，其中 K 值越小，损失的信息量越少，其结果将会更精确。本章根据岭迹图中 R^2 伴随 K 变化状况，对浙江省工业部门整体进行岭回归，选取了 $K=0.01$ 时的回归系数，模型通过了显著性检验。

如表 8.2 所示，能源消费和煤炭消耗对工业部门整体碳排放的影响程度最大，其系数分别为 0.4075 和 0.3171，这表明能源消费是影响碳排放量的最主要因素，尤其可以看出煤炭消耗对工业的碳排放影响仍然很大，后续的减煤控煤工作依然面临严峻的挑战。工业总产值对工业部门整体碳排放的影响程度较小，其系数为 0.1036，这说明工业产值的提高会引起碳排放量的小幅度增加，依然没有脱钩。此外，能源效率提升会引起碳排放量的下降，其系数为 -0.1188，这表明能源效率提升对工业部门碳排放的负向作用甚至超过了产值增长带来的正向影响，因此，需要重点关注以能效提升为目标的技术进步及技术创新。

表 8.2   工业部门碳排放岭回归系数与模型检验

GP	EC	CC	EE	constant	R^2	F	Sig.
0.1036	0.4075	0.3171	-0.1188	-2.1691	0.93	39.80	0.00

注：上述变量均在 1% 显著性水平下显著。

除了对浙江省工业部门整体岭回归及模型检验以外，本章还对细分的九大工业行业进行了回归及检验，结果均在 0.01% 水平下显著。

从表 8.3 可以得到以下结论。①工业产值对行业碳排放的影响有正有负,正向影响主要包括纺织、石油、化工、机电、钢铁和电力行业,这说明这些行业的产值增长与碳排放还未脱钩,其中石油和钢铁两个行业的系数最大,分别为 0.3149 和 0.3420;采矿、轻工、建材三个行业工业产值呈负向影响,说明除了市场因素以外,这三个行业的转型升级成效显著,已经实现产值与碳排放的脱钩,但由于这三个行业经济体量不大,无法改变整体工业产值与碳排放之间的正向关系。②能源消费对于五个行业均呈现正向影响,其中对纺织行业的影响最强,系数为 0.8708,这表明对传统纺织行业技术改造和能效提升依然困难重重,浙江纺织行业占比大,因此在"双碳"目标下,纺织业将不得不面临重大的行业调整,也将是未来浙江省工业部门乃至全省碳达峰的关键环节。③煤炭消耗对大部分行业呈现正向影响,但纺织行业出现特殊值为负数,究其原因发现,纺织行业原煤消耗量降幅非常大,从 2004 年的 1010.9 万吨标煤减少到 2019 年的 93.3 万吨标煤,这说明此行业能源结构调整效应非常明显;其次钢铁行业的煤炭消耗影响最强,其系数为 0.9490,这与元立钢铁、宁波钢铁等企业长流程炼钢有直接的关系;因此,如何增加短流程炼钢比例,在降低煤炭消耗的基础上保障市场钢材需求,是重点需要关注的问题。④较为意外的结果是,能耗效率对轻工、石油、机电、钢铁、电力五个行业均呈现正向影响,探其原因发现,这些行业在研究期间的能效提升不足以抵消能耗增加带来的碳排放,甚至引起消费回弹,从而导致碳排放量进一步增加。

表 8.3　九大工业行业碳排放岭回归系数与模型检验

行业	GP	EC	CC	EE	constant	R^2	F	Sig.
采矿	−0.6996	0.1189	0.5642	−0.5319	1.5397	0.79	10.08	0.00
轻工	−0.8605	0.6083	0.8123	1.0663	−2.6719	0.77	9.07	0.00
纺织	0.0810	0.8708	−0.0084	−0.0318	−5.3194	0.85	15.52	0.00
石油	0.3149	0.1932	0.0104	0.1684	−1.9873	0.91	28.54	0.00
化工	0.1423	0.6497	0.1405	−0.1490	−4.5352	0.98	136.42	0.00
建材	−0.0013	0.5264	0.0292	−0.0163	−0.2630	0.85	16.82	0.00
机电	0.0378	0.0423	0.2118	0.0407	−0.2272	0.75	8.26	0.00
钢铁	0.3420	0.1791	0.9490	0.1979	−7.2933	0.86	17.20	0.00
电力	0.2014	0.1943	0.3683	0.0896	−0.8133	0.94	45.33	0.00

8.3 浙江省工业分行业碳排放峰值预测分析

8.3.1 情景设定

本章对行业预测模型中的工业产值、能源消费、煤炭消耗、能源效率四个自变量设定了低位值、中位值、高位值共三类情景。高位值设定中,行业工业产值、能源消费、煤炭消耗的变化率按照 2004—2019 年平均变化率来设定,为避免极端值影响及保证数据的有效性,本章剔除了变化率超过 45% 的年份;能源效率的提高往往印证绿色环保技术的发展,因此将能源效率低位值按 2004—2019 年平均变化率来设定,高位值在此基础上增长 0.2~2 个百分点。中位值设定中,行业工业产值、能源消费、煤炭消耗的变化率设定按照"十四五"规划中的发展要求,在高位值的基础上设定逐年降低 0.05~0.2 个百分点,能源效率则在低位值的基础上增长0.2~1 个百分点。低位值设定中,能源效率按照 2004—2019 年平均变化率来设定,工业产值、能源消费、煤炭消耗变化率的设定则根据原本设定中的中位值进一步调整,以符合浙江省未来碳中和目标下绿色发展的要求。具体变量涨跌幅设定见表 8.4。

表 8.4 变量涨跌幅设定

行业	情景	GP	EC	CC	EE
采矿	高位值	6%	0.5%	1.4%	8.4%
	中位值	6%(0.1)	0.5%(0.1)	1.4%(0.1)	8.3%
	低位值	4.6%(0.1)	−0.9%(0.1)	−2%(0.1)	8.2%
轻工	高位值	9.5%	3.2%	4%	8.2%
	中位值	9.5%(0.1)	3.2%(0.2)	4%(0.2)	8%
	低位值	9.1%(0.1)	3%(0.2)	−1.6%(0.1)	7.7%
机电	高位值	11.9%	4%	− 3.5%	12.4%
	中位值	11.9%(0.1)	4%(0.1)	−3.5%(0.1)	11.4%
	低位值	11.4%(0.1)	2%(0.2)	−3.5%(0.2)	10.4%

续表

行业	情景	GP	EC	CC	EE
纺织	高位值	5.3%	1.2%	−13.2%	7%
	中位值	5.3%(0.1)	1.2%(0.2)	−13.2%(0.1)	6.8%
	低位值	5%(0.1)	0.6%(0.2)	−13.2%(0.2)	5.8%
石油	高位值	10.9%	5.9%	5.8%	6.1%
	中位值	10.9%(0.1)	5.9%(0.2)	5.8%(0.2)	5.1%
	低位值	6%(0.1)	3%(0.2)	−3%(0.2)	4.1%
化工	高位值	10.9%	5.5%	−1%	9.3%
	中位值	10.9%(0.1)	5.5%(0.2)	−1%(0.1)	8.3%
	低位值	10.4%(0.1)	3%(0.2)	−3%(0.2)	7.3%
建材	高位值	13.3%	1%	−2.8%	13.4%
	中位值	13.3%(0.1)	1%(0.05)	−2.8%(0.1)	12.8%
	低位值	13%(0.1)	1%(0.1)	−2%(0.1)	12.4%
钢铁	高位值	10.9%	5.1%	0.9%	3.5%
	中位值	10.9%(0.1)	5.1%(0.2)	0.9%(0.2)	2.5%
	低位值	10.4%(0.1)	3%(0.2)	−2%(0.2)	1.5%
电力	高位值	10.8%	4.5%	2.7%	8%
	中位值	10.8%(0.1)	3.5%(0.2)	0.7%(0.2)	7.6%
	低位值	10.4%(0.1)	1%(0.2)	−4%(0.2)	6.6%

　注:括号内数值表述的含义为在括号前数值的基础上逐年下降该值,如 6%(0.1)的含义为在 6%的基础上逐年降低 0.1 百分点。

　　在变量涨跌幅设定的基础上,本章选择设定了高耗情景(A1)、政策情景(A2)、低碳情景(A3)三种情景,对各行业的碳排放达峰情况及发展趋势进行预测分析,表 8.5 展示了三种情景的具体设置情况。

　　高耗情景(A1):在高耗情景下,各行业工业产值设定为高位值,能源消费及煤

表 8.5 变量情景设定

行业	情景模式	GP	EC	CC	EE
采矿	A1	高位值	高位值	高位值	低位值
	A2	中位值	中位值	中位值	中位值
	A3	低位值	低位值	低位值	高位值
轻工、化工、钢铁、电力	A1	高位值	高位值	高位值	低位值
	A2	中位值	中位值	中位值	中位值
	A3	中位值	低位值	低位值	高位值
机电、纺织、建材	A1	高位值	高位值	高位值	低位值
	A2	中位值	中位值	中位值	中位值
	A3	中位值	低位值	低位值	高位值
石油	A1	高位值	高位值	高位值	低位值
	A2	中位值	中位值	中位值	中位值
	A3	低位值	低位值	低位值	中位值

炭消耗设为高位值,能源效率设定为低位值。2021 年 1—2 月,浙江省规模以上工业增加值同比增长 49.4%,疫情后的快速生产发展态势可能会对现有的低碳发展产生冲击,各行业相关变量设定为高位值。

政策情景(A2):各变量均设定为中位值。政策情景反映了各工业行业按照浙江省"十四五"规划、能源发展等相关政策目标下,碳排放将呈现怎样的排放趋势。

低碳情景(A3):在低碳情景下,分行业工业产值、能源消费及煤炭消耗根据不同行业的发展情况设定为低位值及中位值,能源效率设定为中位值及高位值。该情景下充分考虑浙江省发布的《浙江省绿色循环低碳发展"十四五"规划》要求。

8.3.2 浙江省工业分行业碳达峰趋势分析

根据对工业分行业的回归结果,可得出相应的预测公式。结合前文设定的低碳、政策、高耗三个情景,本章对 2020—2050 年的碳排放量进行了预测。从图 8.3 可以看出,在预测期间内,九大工业行业均出现了峰值,但不同行业之间的峰值出现时间及峰值大小都存在显著差异。

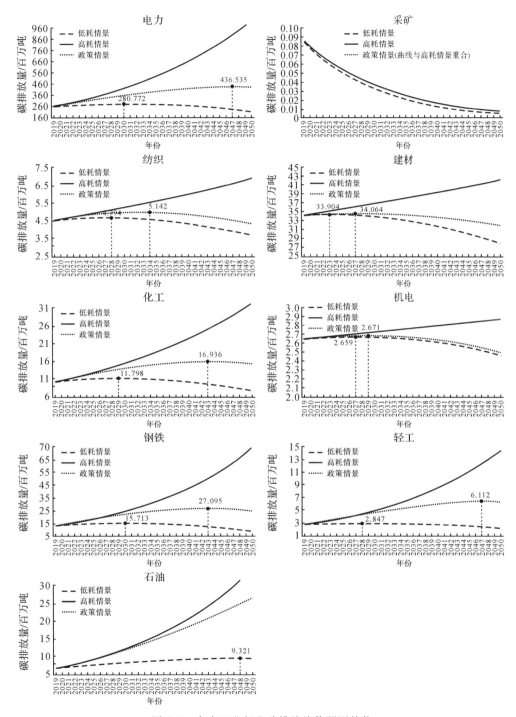

图 8.3　九大工业行业碳排放峰值预测趋势

在高耗情景下，浙江省工业各行业发展维持较高速增长状态，能源消费、煤炭消耗、工业产值、能源效率均处于高位值，因此，各行业碳排放量均未出现峰值。采矿行业则呈现先快速后减缓的下降趋势，结合 2019 年以前采矿行业碳排放发展状况可以得知，采矿行业已经率先在浙江省工业领域实现达峰，并且未来仍有减排空间。其余行业在高耗情景下呈现稳步增长的态势，其中尤其需要注意，钢铁、石油、电力、化工、轻工五个行业受市场需求及发展惯性影响，其碳排放在没有约束的发展情景下容易出现爆发式增长，相对于其他行业更需要顶层计划性的政策安排，严控能源消耗及产业规模。

在政策情景下，除石油行业外，浙江省其余工业行业在政策规制下均出现了峰值，其中建材行业最早，于 2027 年达峰，峰值为 34.064 百万吨。这表明近几年供给侧结构性改革政策下水泥过剩产能已经得到良好化解，建材行业在进一步巩固产能成效基础上有望实现提前达峰。其余工业行业达峰均在 2030 年后实现，其中轻工、电力行业最晚，于 2047 年达峰，其峰值分别为 6.112 百万吨和 436.535 百万吨。值得注意的是，石油行业在政策情景下仍未达峰。因此，需要在重点关注轻工、电力、石油行业的基础上，推动晚达峰行业制定压力化减排目标，从源头—中间—终端三个环节联合入手，提高化石能源替代率，加快超低排放创新技术应用。

在低碳情景下，浙江省各工业行业均实现了达峰，其中建材行业最早，于 2023 年达峰，峰值为 33.904 百万吨，石油行业最晚，于 2048 年达峰，峰值为 9.321 百万吨。除石油行业以外，其余工业行业均可实现 2030 年前达峰。低碳情景可基本满足浙江省工业碳达峰要求，但电力及石油行业仍存在巨大的减排压力，需要加大重点行业绿色技术赋能，着力提升清洁能源占比，同时注意石油行业发展规模及出现产能过剩问题。

8.4　浙江省工业部门整体达峰策略设置及分析

8.4.1　浙江省达峰策略设置

为了研究浙江省工业部门整体碳达峰情况，本章基于浙江省工业各行业不同情景，设置了工业整体达峰的五种策略（见表 8.6）。

高耗情景策略（B1）：各行业均选择高耗情景（A1），该策略表示各行业在现有的发展状况下，浙江省工业整体未来碳排放发展状况。

表 8.6　工业整体达峰的五种策略

策略类型	采矿	轻工	机电	纺织	石油	化工	建材	钢铁	电力
高耗情景策略(B1)	A1	A1	A1	A1	A1	A1	A1	A1	A1
政策情景策略(B2)	A2	A2	A2	A2	A2	A2	A2	A2	A2
低碳情景策略(B3)	A3	A3	A3	A3	A3	A3	A3	A3	A3
能源协同策略(B4)	A1	A3	A1	A3	A3	A3	A2	A2	A3
经济协同策略(B5)	A1	A3	A3	A3	A2	A3	A2	A3	A3

政策情景策略(B2):各行业均选择政策情景(A2),该策略体现政府遵循"十四五"相关绿色发展规划,浙江省工业整体未来碳排放发展状况。

低碳情景策略(B3):各行业均选择低碳情景(A3),该策略体现浙江工业整体在碳中和愿景下,详细制定碳达峰目标,优化产业结构及能源结构,降低碳排放。

能源协同策略(B4):该策略旨在通过对不同行业的不同能源发展情况进行分类,针对能源消费量大小为各行业选择不同的情景。本章依据 2019 年浙江省工业各行业能源消费量,将九大工业行业分为三类:①能源消费大于 1000 万吨标煤的行业,包括轻工、纺织、石油、化工、电力五个行业,这五个行业能源消费量较大,碳排放量较高,应选择低碳情景(A3)促进能源优化;②能源消费量在 700 万～1000 万吨标煤的行业,包括建材、钢铁两个行业,这两个行业需有计划性的政策加以规制,选择政策情景(A2);③能源消费量在 0～700 万吨标煤的行业,包括机电、采矿两个行业,这两个行业能源消费量较低,可以按照现有状态持续发展,选高耗情景(A1)。

经济协同策略(B5):该策略旨在推动碳达峰目标和经济两者协同发展,推动不同发展程度的行业选择不同的发展速度。本章根据 2019 年浙江省各行业工业产值,将九大工业行业分为三类:①工业产值大于 5000 万元的行业,包括轻工、纺织、钢铁、机电、电力行业,这五个行业经济发展较好,能够支持行业内绿色节能技术发展,因此选择低碳情景(A3);②工业产值在 1000 万～5000 万元的行业,包括石油和建材行业,这两个行业为推动经济均衡发展,选择政策情景(A2);③工业产值在 0～1000 万元的产业,包括采矿行业,该行业经济体量较小,可以选择高耗情景(A1)保持现有发展速度。

8.4.2　浙江省工业部门整体碳达峰策略分析

浙江省工业部门整体达峰五种策略碳排放峰值预测趋势如图 8.4 所示。在高耗情景策略下,浙江省工业整体碳排放处于增速上升的状态,2050年前未出现峰值,这表明浙江省工业整体如果持续现有发展速度,则无法如期实现碳达峰的目标。在政策情景策略下,浙江省工业整体在2047年达到峰值,其峰值达5.481亿吨,无法实现2030年前达峰,因此,单纯地减缓发展速度无法实现工业整体预期目标,必须有计划地针对不同行业进一步加大对能源消费及煤炭消耗的控制,以实现达峰目标。在低碳情景策略下,浙江省工业整体将在2028年达到峰值,峰值为3.516亿吨,与政策情景策略相比,达峰时间提前了近20年,且峰值减少了1.965亿吨,这表明在严格的绿色发展低碳情景下,浙江省工业整体可以实现2030年前达峰的目标,且提前两年达峰。在能源协同策略下,浙江省工业整体碳排放在2030年达峰,峰值为3.577亿吨,达峰时间相较政策情景策略提前18年,相较低碳情景策略推迟两年,这表明考虑不同行业能源消费能力实施选择不同情景,可以使工业整体在2030年当年实现达峰。在经济协同策略下,浙江省工业整体碳排放也同样在2030年实现达峰,峰值为3.568亿吨,与能源协同策略同期达峰,但碳排放量减少了0.009亿吨,因此,深度节能减排与有针对性地推动行业经济发展并不冲突,同样可以实现在2030年碳达峰。

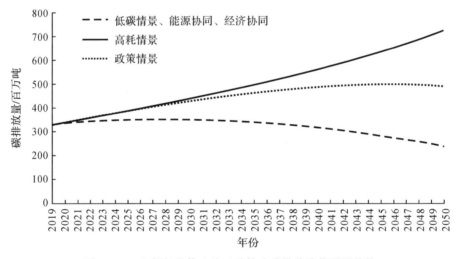

图8.4　工业部门整体达峰五种策略碳排放峰值预测趋势

综上所述,浙江省工业行业碳达峰时间在2028年及以后实现,峰值区间为3.516亿～5.481亿吨。在综合考虑各策略达峰时间和峰值大小以后,五种策略的先后选择次序依次为:低碳情景策略(2028年)、经济协同策略(2030年)、能源协同策略(2030年)、政策情景策略(2047年)、高耗情景策略(无峰值)。在五种策略中,只有低碳情景策略可以实现在 2030 年前达峰这一目标,因此浙江省工业节能降碳及实现碳达峰之路仍压力巨大。工业部门作为浙江省能源消耗和碳排放最大的领域,其碳排放达峰时间将直接决定浙江省全省碳达峰目标的实现时间。

8.5　研究结论与建议

8.5.1　研究结论

本章主要围绕浙江省工业行业的能耗和碳排放特征、工业行业碳达峰预测模型构建以及浙江省工业部门碳达峰预测和减排策略进行研究。通过研究得到如下几点发现。

①浙江省工业部门各行业碳排放差异较大,除采矿行业已经实现碳达峰外,高耗情景下各行业均无法实现达峰,在基准情景下除建材行业可在 2030 年前达峰外,其余七个行业均无法实现提前达峰,在低碳情景下,除石油行业以外,其余行业均可在 2030 年前达峰。

②低碳情景策略最吻合浙江省工业整体未来发展要求,在该策略下,浙江省工业部门整体将于 2028 年实现达峰,其余策略均无法实现 2030 年前达峰。

③在达峰峰值方面,浙江省工业整体达峰峰值在 3.516 亿~5.481 亿吨,其中达峰目标最早于 2028 年实现,峰值 3.516 亿吨,最晚于 2047 年实现,峰值 5.481 亿吨,在分行业中峰值最大的是电力行业,最早可于 2028 年实现,峰值 2.72 亿吨,最晚于 2047 年实现,峰值 4.37 亿吨。

8.5.2　对策建议

(1)加强工业低碳技术创新与合作

低碳技术创新是实现工业应对气候变化发展的关键所在,也是工业降低碳排放总量和强度的重要推动力。为了在 2060 年前实现碳中和目标,需要加快发展一系列新能源技术与能源领域跨界交叉的新技术,为科技创新和新兴产业发展带来巨大的机遇和空间。技术进步和可再生能源成本下降,使得低碳、可持续投资较之基于化石能源的传统技术更具有成本竞争力。因此,浙江省应持续加大科技创新投入,推动战略性新兴产业、高端制造业、绿色服务业等高附加值、低排放产业的发展。重视节能不仅能帮助减少碳排放,还可以降低原料使用成本,实现更高的经济效益。

因此，要以科技创新为核心，在"十四五"期间做出发展战略性新兴产业的深度选择，培育和发展低耗能、低排放、高能效产业，持续创新和推广低碳节能技术，提高工业能效。尤其是针对浙江省钢铁、纺织、建材、石化等重点排放行业，要通过技术创新有效解决高耗能和高污染问题，促进工业企业清洁生产。浙江省工业的低碳发展之路应以减少碳排放引致技术革新、就业增长、产业壮大等驱动下的经济增长。工业绿色发展在促进减排的同时，也将成为促进经济增长的重要动力。支持衢州、湖州、绍兴等地立足各自优势和特点，开展多层次、多领域区域合作，探索建立制度化、长效化的区域合作机制，实现优势互补、共同发展。同时，还应重视区域联合技术的开发，建立创新生态系统与补偿机制，推动实施低碳创新技术。

（2）实施分区域、分行业工业碳达峰策略

由于工业领域可实现的路径较少，空间较为有限，所需时间也较长，未来的减排难度更大，因此，要积极推进重大节能技术与装备的创新和发展，攻克氢能等新能源在工业部门终端利用的难题，聚焦重点能耗行业，以技术突破提高钢铁、建材、有色、化工和石化等高能耗行业中清洁能源利用比例。一方面，在工业生产过程中坚持脱碳技术路线，有条件的地区和行业利用 CCUS 技术尽可能吸收生产过程中各环节排放的二氧化碳，实现工业行业的深度减排目标。另一方面，推动工业用能结构调整和能效改进可从源头有效减少工业排放；在现有技术发展路径下，推进工业中煤改气和煤改电，但引入氢能源利用将面临较高的成本及技术挑战，而提高工业部门能源回收利用水平、提高工业能效以减少整体能源消耗则相对成熟并且成本可控，对于实现深度减排目标而言更加切实可行。此外，清洁能源替代的有效实行可解决工业部门重度排放问题，并且有助于实现向深度低碳甚至净零经济转型；通过推进绿色能源在工业领域应用，提高光伏、风能等可再生能源在工业企业、园区应用中的比例，推进工业用能设备电气化，促进工业燃料低碳化，加快低碳氢、零碳氢对化石燃料的替代。

国家《"十三五"控制温室气体排放工作方案》提出，支持优化开发区域碳排放率先达到峰值，区域先行先试将会是实现我国"双碳"目标的重要推手。因此，要积极协调以区域为单位统筹开展碳达峰行动部署和工作调度，在落实城市之间内在要求的同时，牵头制定各个城市之间统一的高站位、科学规范、切实可行的区域达峰方案，明确达峰时间和路径，实施更加有力、有针对性的减排措施。针对不同行业的发展阶段、行业特征、排放特征，分行业制定精准的达峰政策和目标。要不断完善城市相关机制,强化制度创新和科技创新,加快提升企业碳排放碳资产管理能力和水平,推动低碳发展试点示范,建设零碳、近零碳示范区,争取开展气候投融资试点,努力让绿色低碳成为城市最鲜明的特质和最持久的优势。

(3)落实工业碳效码等数字化治理手段

2022年初,习近平总书记在《求是》杂志发文《不断做强做优做大我国数字经济》指出,"数字技术、数字经济可以推动各类资源要素快捷流动、各类市场主体加速融合"。同时,他在中共中央政治局第三十六次集体学习时强调,要处理好政府和市场的关系,推动有为政府和有效市场更好结合。

"碳效码""碳账户"作为融合市场主体的数字化工具,能有效推进"双碳"落地,实现数字赋能。浙江省在工业碳效码、碳账户、碳标签等领域进行了有效的创新与实践,使其成为推进工业部门碳减排的重要数字化工具。

面向"双碳"目标,湖州在全国率先推出工业碳效码,科学、精准测算规模以上工业企业的碳排放量和碳效水平,它将企业某一周期内单位产值碳排放量与该企业所处行业同期单位产值碳排放量平均值进行比较,有效评价该企业单位产值碳排放水平,打通经信、电力、统计、发改、金融等部门的数据壁垒。2021年9月,浙江省基于湖州实践,在全省正式推广工业碳效码,为全国工业领域数字化控碳做了很好的尝试。同样,衢州通过建设工业碳账户,从"碳维度"对经济主体进行价值评估,包含数据采集、核算、评价三个环节,直接将投融资与市场主体碳排放结合起来,这是实现工业部门资源优化配置的一项重要的金融制度创新。要深入推进工业碳效码、碳账户等数字化治理手段,通过制定标准、设立标杆,引导企业转变生产方式,转变产品结构,提升能源利用水平和碳效水平,从而实现深度碳减排。

(4)强化工业部门循环经济助推降碳效应

发展循环经济,不仅可以直接减少原生资源的消耗,减轻对大自然的过度物质索取,同时也是减少碳排放的重要路径,这主要体现在三个方面。一是通过采用再生资源,缩短流程工艺,减少在工序上的相关碳排放;二是通过提升主要资源产出率,减少资源处理相关碳排放;三是通过提升废旧物资循环利用效率,降低全社会终端消费需求,减少产品制造生产相关碳排放。根据中国循环经济协会的测算,循环经济在"十三五"期间对我国碳减排的综合贡献率超过25%,预计"十四五"时期贡献率将达到30%,2030年进一步提升至35%。针对欧洲国家的研究也表明,转向循环经济将使相关国家的温室气体排放量减少70%(魏文栋等,2021)。

当前,浙江循环经济已取得长足发展,在企业小循环、园区和行业中循环、社会大循环中已建立起相对完整的工作机制。截至 2020 年底，浙江省主要资源产出率较 2015 年提高 20％以上，万元 GDP 用水量较 2015 年下降 37.1％，节能环保产业总产值达到 9797 亿元，一般工业固体废物综合利用率达到 93.2％（2019 年值）。但浙江循环经济发展向降碳方向转变仍存在诸多挑战，还未能将其与"双碳"工作推进建立起直接、必要的联系。工业部门，要深入贯彻循环经济发展理念，全面推进园区循环化改造，从产业化、循环化、再利用、资源化、减量化等角度，充分发挥循环经济助推"双碳"的作用和效应。

（5）加强工业部门减污降碳协同作用

2021 年 11 月，《中共中央 国务院关于深入打好污染防治攻坚战的意见》指出，要立足新发展阶段，完整、准确、全面贯彻新发展理念，构建新发展格局，以实现减污降碳协同增效为总抓手，以改善生态环境质量为核心，以精准治污、科学治污、依法治污为工作方针，统筹污染治理、生态保护、应对气候变化，保持力度、延伸深度、拓宽广度，以更高标准打好蓝天、碧水、净土保卫战。

工业部门更加需要加强减污降碳协同作用，注重综合治理、系统治理、源头治理，构建减污降碳一体谋划、一体部署、一体推进、一体考核的制度机制。

应加强政策创新，加快推进制定碳排放影响评价纳入环评体系的工作技术导则、碳排放纳入排污许可制度。进一步制定和完善气候投融资政策，充分发挥绿色金融手段在减污降碳协同增效中的作用；强化源头治理，加快调整产业结构，形成以低碳为特征的产业体系、能源体系和生活方式；加强技术创新，减污降碳协同增效要靠绿色技术来发展，靠生态系统的增汇来求得碳中和；实施相关财政政策、税收政策等，推动企业开展减污降碳协同增效技术研发。

第9章 居民需求水平对浙江省工业碳排放的影响及传导路径研究

自改革开放以来,我国人口规模、需求水平、消费模式以及供给结构都发生了巨大变化,这些变化也对居民消费所引起的碳排放产生了较大的影响。长期以来,研究者主要从生产的角度来考虑和应对气候变化问题,却忽视了最终端消费领域——居民需求水平对碳排放产生的影响(Fan et al.,2013)。有研究显示,居民需求水平所引起的间接碳排放越来越不容忽视,已经成为我国碳排放的一大源头并且有着持续攀升的发展趋势(Wang et al.,2009)。2020年,浙江省的社会消费品零售总额为26629.8亿元,人均消费额为4.12万元,位居全国第三。浙江省居民消费需求在不断发展的同时,也在不断通过供给侧传导,对工业碳排放产生影响。浙江既是能源资源小省,又是经济和能源消费大省,这种资源与需求的不对称,决定了浙江的"双碳"之路必须从供给侧和需求侧两端同时发力,推动经济社会发展全面绿色变革。因此,研究现阶段工业碳排放现状并识别需求侧通过供给侧影响碳排放的传导路径,对于促进浙江省工业绿色发展、实现"双碳"目标具有重要的理论价值和现实意义。

9.1 需求侧与供给侧对碳排放影响研究综述

完成碳中和目标对实现我国现代化建设新征程具有深远意义,而对碳排放影响因素进行识别又对实现碳中和至关重要。碳中和中的"碳"来源于化石燃料的燃烧过程,因此,能源生产过程中排放的二氧化碳值得重视(王向前等,2020)。同时,随着时间发展,消费者责任越来越广泛地被提及,一国的最终需求造成的碳排放被归结为该国的碳排放责任,消费过程中排放的二氧化碳也逐渐引起重视。Kopidou等(2017)证实了四个南欧国家在2000—2011年期间工业产品的供给侧和需求侧对碳排放的影响有显著差异，得出基于消费的驱动因素对工业碳排放的增加贡献最大。因此，在对供给侧碳排放影响因素大量讨论的同时，需求侧碳排放影响因素也需要引起更多的关注。

目前对需求侧影响碳排放的研究较少，而仅有的文献主要涵盖的指标包括居民需求水平（Huang et al.，2021；Kivikkaleli et al，2021）、可再生能源消费水平（Tomiwa et al.，2021）、电力消费水平（Jiang et al.，2021）等。其中，居民需求水平最能够代表整体需求侧发展状况。随着人民生活水平的不断提高，居民的高碳化需求日趋明显（Cao et al.，2019），居民需求水平成为推动碳排放增长的主要因素（Xia et al.，2019）。但在居民需求水平与碳排放的关系中，学者之间的观点也并非一致。少部分学者认为，想要减少碳排放，必须解决排放与需求之间的关系，一个国家原则上可以通过外包排放密集型活动来减少排放，同时通过进口保持相同的需求水平，从而实现需求和碳排放脱钩（Isaksen et al.，2017）；但大部分学者仍认为，目前我国的发展难以实现需求与碳排放脱钩，需求水平仍然会促进碳排放增长（Mao et al.，2011）。

从发达国家碳排放的变化历程来看，工业等重点行业低碳转型是推动碳达峰的主要路径；从现实基础来看，基于重点行业领域建立区域碳排放指导路径，是实现碳排放分区管控、落实行业减排责任的重要基础，也是实施碳排放总量控制的重要支撑（Duan et al.，2020）。现有基于供给侧影响工业碳排放的因素主要有产业结构、技术创新、市场发展等。产业结构优化既是实现碳减排目标与发展低碳经济的决定因素，也是实现我国经济高质量发展的内在要求（Chai et al.，2021）。研究显示，通过技术创新实现能效提升和再生资源利用，能够直接降低能源消费水平，对我国碳减排的贡献度最高可达 68.5%，因此绿色技术创新对实现工业碳中和具有至关重要的作用（Duan et al.，2021）。合理的市场交易机制同样能够有效促进行业碳减排，减少转型带来的经济损失（Sun H et al.，2022），不合理的市场发展则会减缓工业碳中和的进度。近些年来，越来越多的研究显示，市场发展因素对实现"双碳"目标存在较大影响（Zhang et al.，2020；Li et al.，2020a）。

综上所述，关于我国工业碳达峰与碳排放影响因素的已有文献为本章的研究提供了有益借鉴，但现有研究同时也存在几点不足：①现有的研究侧重于供给侧对工业碳排放的影响，对需求侧影响因素的研究相对较少；②需求侧对工业碳排放产生重要影响，但现有研究尚未对其通过供给侧的影响传导路径展开研究；③工业部门是我国实现"双碳"目标的关键领域，现有研究中尚没有从需求—供给两侧协同视角提出发展路径与对策。因此，本章选择浙江省工业部门作为实证研究对象,基于多重中介效应模型,就居民需求水平对浙江省工业碳排放的影响及传导路径展开研究,以期从需求—供给两侧协同的视角对浙江省实现"双碳"目标提出发展建议。

9.2　影响传导路径的研究假设

我国工业碳排放主要受到需求侧及供给侧多重因素影响,现已有文献论证了需求侧对碳排放的影响,但对其影响路径的分析仍不明确,需求侧是否可以通过供给侧因素的传导路径间接对工业碳排放产生影响,仍需要我们进一步深入论证分析。因此,本章从供给侧的产业结构升级、要素市场扭曲、科技创新投入、能源消费水平四个维度,提出需求侧居民需求水平对我国工业碳达峰的多重中介传导路径。

9.2.1　产业结构升级中介传导路径

在新消费背景下,消费结构与消费方式的转变进一步提高了企业自主研发跟随需求变化的动力,进而对产业结构产生影响。但与此同时,产业结构也受政策、人力资本等多重因素影响(Wang,2015)。早期我国工业产业结构单纯依靠政府指令性计划实现资源配置,自改革开放以来,工业结构逐渐伴随着经济发展发生变化,但仍主要跟随国家产业政策调整而发生变化(Dai et al.,2022)。城乡收入差距扩大,居民消费结构变动与产业结构变动不匹配,往往导致城市消费结构升级快于产业结构调整。消费的增长会引起碳排放增长,工业产业结构的调整也会直接影响工业碳排放,但消费与工业产业结构之间的关系仍存在争议,消费是否能通过影响产业结构进而对碳排放产生影响仍有待印证。据此,这里提出如下保守假设。

假设1:居民需求水平无法通过产业结构升级对工业碳排放产生间接影响。

9.2.2　要素市场扭曲中介传导路径

在不同的商品生产中,要素的边际替代率不同,会导致要素的市场价格和其机会成本存在偏离现象,形成一种要素扭曲的市场状态。其中劳动力和资本这两种要素的价格扭曲更加降低了利润的可持续性,明显地抑制了居民消费的提升,进而导致居民消费意愿锐减(Qiao et al.,2021)。一方面,在需求影响消费的同时,消费者的需求曲线也会刺激生产要素的价格产生变动,反过来影响要素市场的培育,形成一种恶性循环。另一方面,现有经济理论提到,要素市场的扭曲将导致资源无法合理配置,促使企业大量使用有形生产要素进行生产,减少企业的科研投入,进而降低企业绿色科技创新水平,导致碳排放量居高不下(Han et al.,2021)。因此,居民需求水平降低会使得要素市场扭曲程度增加,而要素市场扭曲的加剧将会进一步致使碳排放量持续增长。基于此,提出如下假设。

假设2:居民需求水平通过要素市场扭曲对工业碳排放产生间接影响。

9.2.3　科技创新投入中介传导路径

居民消费主要通过以下两条技术路径对碳排放产生影响:①伴随消费结构的升级,绿色消费理念逐步深入人心,这在很大程度上推动了工业企业绿色化转型,催化企业绿色技术成本的投入;②工业绿色发展能够显著提高工业企业创新成果的转化能力,虽然其与工业碳排放之间存在阈值,呈现倒U形曲线,但伴随着绿色成果不断转化,工业绿色发展的提升将突破阈值实现工业碳减排目标(Gao et al.,2022)。但也有研究指出,居民消费的提升并不能正向提升绿色技术的增长,消费快速增长到一定幅度后,工业企业在增加科技研发投入比例的同时反而会挤占原有的绿色科技空间,从而导致碳排放不降反升。因此,提出如下假设。

假设3:居民需求水平通过科技创新投入对工业碳排放产生间接影响。

9.2.4　能源消费水平中介传导路径

从居民消费、能源消费、碳排放三者的关系来看,就总效应而言,碳排放的重点会逐渐由供给侧向需求侧过渡;居民消费渐渐成为碳排放的新增长点,低碳消费转型逐渐变为现实需要(Zhang et al.,2021)。就间接效应而言,一方面,消费需求对能源消费往往具有正向影响,需求理论曾提到最终的能源使用量实际上是由市场整体需求规模所决定的,投资、出口、消费三者共同驱动了能源消费的增长;但也有学者提出相反意见,源于居民消费相对于政府消费、资产投资和净出口等经济成分在节能方面的优势,居民消费结构升级对能源消费具有两面性,随着居民收入的提升,能源消费会经历先降后升的变化过程(Li et al.,2020a,b)。另一方面,工业能源消费水平不仅与经济消费发展之间存在路径依赖,而且体现了工业整体未来可持续发展潜力,与工业碳排放有密切相关性(Cang et al.,2021)。因此,居民需求水平的提升将会在不同程度上影响工业能源消费水平,而工业能源消费水平会直接影响工业碳排放。据此,提出如下假设。

假设4:居民需求水平通过工业能源消费水平对工业碳排放产生间接影响。

9.2.5　链式中介传导路径

基于相关文献,我们初步提出居民需求水平还可以通过以下链式路径对工业碳排放产生影响。①短链式传导路径。首先,要素市场扭曲会促使企业大量利用有形生产要素,进而影响企业科技投入,减少企业科技创新投入在总科技投入中的占比,削弱企业绿色低碳发展能力,进而致使碳排放增加;要素市场扭曲也会在粗放增长模式中产生锁定效应,从而导致低估要素价格,使得企业在评估本该淘汰的落后产能时产生偏差;继续使用甚至加大投入力度,会造成落后产能的锁定效应,使得原有的绿色创新技术份额被分割,挤占原有研发投入,抑制企业转型升级的步伐,也就不利于能源消费水平的降低。其次,从科技创新投入的传导路径来看,企业绿色技术研发在整个绿色发展的过程中至关重要,通过增加科技创新投入、采用清洁能源替代等方式可以有效降低能源消费水平,从而减少碳排放(Yang et al.,2020)。②长链式传导路径。基于上述短链式传导路径分析,可以进一步提出居民需求水平通过要素市场扭曲,影响科技创新投入,进而影响能源消费水平,形成长链式传导路径,最后对工业碳排放产生显著影响。因此,基于以上逻辑分析,我们提出如下假设,具体路径构建见图 9.1。

假设 5:居民需求水平通过要素市场扭曲—科技创新投入链式路径对碳排放产生影响。

假设 6:居民需求水平通过要素市场扭曲—能源消费水平链式路径对碳排放产生影响。

假设:7:居民需求水平通过科技创新投入—能源消费水平链式路径对碳排放产生影响。

假设 8:居民需求水平通过要素市场扭曲—科技创新投入—能源消费水平链式路径对碳排放产生影响。

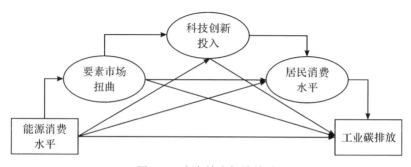

图 9.1　中介效应假设关系

9.3 影响因素模型构建与变量选择

9.3.1 变量选取与数据来源

(1)被解释变量

工业部门通常是温室气体排放清单中的最重要部门。参考 Wei 等(2014)的研究,本章将遵循《2006 年 IPCC 国家温室气体清单指南》中第二卷"能源"的碳排放测算方式来计算中国工业二氧化碳排放量。公式为:

$$E_{CO_2} = AD_j \times NCV_j \times CC_j \times O_j \tag{9.1}$$

其中,E_{CO_2} 为二氧化碳排放量;AD_j 为化石燃料 j 的消耗;NCV_j 为化石燃料 j 的平均低位发热量;CC_j 为化石燃料 j 的含碳量;O_j 为化石燃料 j 的氧化效率,表示化石燃料燃烧过程中的氧化率。

(2)解释变量

居民消费价格指数(CPI)作为需求侧核心解释变量,用居民消费性支出来指征,其中,因《中国统计年鉴》里无 2013—2019 年居民消费性支出直接数据,本章取值采用农村居民消费性支出与城镇居民消费性支出相加后除以浙江省常住人口数量的方法来获得。为消除价格因素影响,采用居民消费价格指数以 2004 年为基期对数据进行平减。

(3)中介变量

(Ⅰ)产业结构升级(is)

供给侧工业结构的测度指标包括制造业产值占工业总产值的比重、轻重工业之比及高耗能工业部门的产值占比等。考虑到宏观整体代表性,本章采用的是工业产值占全行业总产值的比重。

(Ⅱ)要素市场扭曲(fac)

本章参考林伯强等(2013)的研究,选取各地区要素市场发育程度与样本中要素市场发育程度最大值之差作为要素市场扭曲的代理变量。其计算公式为:

$$fac_{it} = [\max(factor_{it}) - factor_{it}] / \max(factor_{it}) \times 100 \tag{9.2}$$

其中,$factor_{it}$ 为要素市场发育程度指数,由于《中国分省份市场化指数报告》中要素市场发育程度指数仅统计至 2016 年,本书对奇数年采用插值法的方式进行补充,2017—2019 年的数值通过平均增长幅度进行计算。

（Ⅲ）科技创新投入（rd）

在具体变量选取上,科技研发经费支出能够体现出研发投入与知识资本的正向关系,能够考虑供给侧非专利活动所形成的知识资本。因此,本章科技创新投入（rd）采用工业企业当期的科技研发经费支出来衡量,并以 2004 年为基期,采用永续盘存法对名义 R&D（科学研究与试验发展）经费支出进行平减。其计算公式为：

$$R_{it} = E_{it} + (1-\tau)R_{i,t-1} \tag{9.3}$$

其中,R 为 R&D 资本存量,E 为实际 R&D 经费支出,τ 为折旧率,根据 Griliches（1979）和吴延兵（2006）对 R&D 资本折旧率的估计,本书取 $\tau = 15\%$,i 代表省份,t 代表年份。以 1998 年为基期,参照朱平芳等（2003）构造的 R&D 支出价格指数 = 0.55×消费价格指数+0.45×固定资产投资价格指数,对名义 R&D 经费支出进行平减,从而得出各考察期内的实际 R&D 经费支出额。对于基期 R&D 存量,按照 Hall 等（1995）的方法,假定样本前所有时期的 R&D 支出呈几何级数衰减,并设其平均增长率为 g,则基期 R&D 存量可以表示为：

$$R_1 = E_1 + (1-\tau)E_0 + (1-\tau)^2 E_{-1} + \cdots = E_1(1+g)/(g+\tau) \tag{9.4}$$

（Ⅳ）能源消费水平（esr）

能源消费是影响工业碳排放重要且直接的因素,最能够代表浙江省工业供给侧能源消费程度,为进一步分析产能与消费之间的关联提供有效信息。本章选取浙江省工业能源消费量来代表能源消费水平,其数据来源于浙江省统计局官网。

（4）控制变量

为减少遗漏解释变量对回归估计结果可能产生的偏差,本书在模型中加入如下控制变量：①对外开放程度（to）,采用各年份地区进出口额与地区 GDP 的比值表示。②工业资本存量（ir）,即当期工业资本总量＝上期工业资本总量－工业折旧＋工业当期资本增量。

本章选取 2004—2019 年浙江省面板数据。以上变量所用数据来源于《浙江统计年鉴》《浙江科技统计年鉴》《中国能源统计年鉴》《中国分省份市场化指数报告》《中国对外直接投资统计公报》、浙江省统计局和 WIND 数据库。

9.3.2　实证模型构建

（1）居民需求水平对碳排放的直接效应

为检验居民需求水平对碳排放的直接影响,本章构建如下多元回归线性模型：

$$\ln(E_{CO_2})_{it} = \alpha_0 + \beta_1 \ln CPI_{it} + \sum_{j=1}^{n} \gamma_i CV_{ijt} + \mu_{it} \qquad (9.5)$$

其中，i 代表省份，t 代表年份，j 为控制变量序号。α_0、β_1、γ_i 分别为常数项、解释变量 $\ln CPI_{it}$ 和控制变量 CV_{ijt} 的待估计系数，μ_{it} 为随机扰动项。

（2）居民需求水平影响碳排放的机制检验

为探讨不同中介变量对居民需求水平影响工业碳排放的传导路径，本章采用多重中介效应模型，以此验证产业结构升级、要素市场扭曲、科技创新投入、能源消费水平对工业碳排放是否存在中介效应，并根据相应结果进一步探讨不同中介变量是否组成链式路径对工业碳排放产生影响。因此，构建如下多重中介效应模型：

$$\ln(E_{CO_2})_{it} = a_0 + a_1 \ln CPI_{it} + \sum_{j=1}^{n} \gamma_i CV_{ijt} + \varepsilon_{1it} \qquad (9.6)$$

$$\ln is_{it} = b_0 + b_1 \ln CPI_{it} + \sum_{j=1}^{n} \gamma_i CV_{ijt} + \varepsilon_{2it} \qquad (9.7)$$

$$\ln fac_{it} = c_0 + c_1 \ln CPI_{it} + \sum_{j=1}^{n} \gamma_i CV_{ijt} + \varepsilon_{3it} \qquad (9.8)$$

$$\ln rd_{it} = d_0 + d_1 \ln CPI_{it} + \sum_{j=1}^{n} \gamma_i CV_{ijt} + \varepsilon_{4it} \qquad (9.9)$$

$$\ln esr_{it} = e_0 + e_1 \ln CPI_{it} + \sum_{j=1}^{n} \gamma_i CV_{ijt} + \varepsilon_{5it} \qquad (9.10)$$

$$\ln(E_{CO_2})_{it} = f_0 + f_1 \ln CPI_{it} + g_i X + \sum_{j=1}^{n} \gamma_i CV_{ijt} + \varepsilon_{6it} \qquad (9.11)$$

其中，a_1 为核心解释变量 CPI_{it} 的估计系数，表征人均居民需求水平对碳排放的总效应；is、fac、rd 和 esr 分别为产业结构升级、要素市场扭曲、科技创新投入、能源消费水平四个中介变量；b_1、c_1、d_1、e_1 分别为解释变量对中介变量的估计系数；γ_i 为控制变量 CV_{ijt} 的估计系数；$\varepsilon_{1it} \sim \varepsilon_{6it}$ 为随机扰动项；X 代表四个中介变量 is、fac、rd 和 esr；g_i 为其估计系数；系数 f_1 为解释变量 CPI 对被解释变量 E_{CO_2} 的直接效应；为消除异方差的影响，对各变量均做对数化、中心化处理；a_0、b_0、c_0、d_0、e_0、f_0 均为常数项。

然后根据 Preacher 等（2008）提出的链式中介效应检验程序，检验要素市场扭曲、科技创新投入、能源消费水平在居民需求水平和工业碳排放之间的链式中介作用。为此，本章构建链式中介模型进行分析，由式（9.12）表示，其中 β_0 为常数项，β_r、β_1、β_2、β_3 为解释变量对中介变量的估计系数，ε_{7it} 为随机扰动项。

$$\ln(E_{CO_2})_{it} = \beta_0 + \beta_r \ln CPI_{it} + \beta_1 \ln fac_{it} + \beta_2 \ln rd_{it} + \beta_3 \ln esr_{it} + \sum_{j=1}^{n} \gamma_i CV_{ijt} + \varepsilon_{7it}$$

$$(9.12)$$

9.4　传导路径实证分析

9.4.1　基准回归

在进行中介效应检验之前,为保证后续研究的准确性,本章对因变量、自变量以及控制变量进行了基准回归。为了确定四个变量($\ln E_{CO_2}$、$\ln CPI$、$\ln to$ 和 $\ln ir$)是否平稳且按同一顺序集成,本章采用了 LM-Hadri 检验,结果拒绝原假设,变量之间存在自相关性且应选择 OLS 混合模型进行回归(见表 9.1)。回归结果表明,浙江省居民需求水平与工业碳排放水平呈显著正相关,居民需求水平每增加一个单位,可使得工业碳排放水平增长 0.756%。这说明需求侧的变化显著影响了工业碳排放量。

表 9.1　基准回归结果

解释变量	$\ln E_{CO_2}$
$\ln CPI$	0.754***
	(5.16)
$\ln to$	0.693**
	(2.19)
$\ln ir$	0.07
	(0.04)
常数项	−1.005
调整的 R^2	0.745
LM 检验	$p = 0.00$

注:* 表示 $p < 0.10$,** 表示 $p < 0.05$,*** 表示 $p < 0.01$;括号内为 t 值。

9.4.2　中介效应检验

(1)多重中介效应检验

多重中介效应检验结果见表 9.2。从产业结构升级的传导路径来看,居民需求水平对产业结构产生负影响，而产业结构的调整使得碳排放降低，但其结果并不显著。从各地区发展经济的政策措施来看，工业都占据十分重要的地位，其发展改善了社会经济整体发展，但并未直接与消费相关联。Philippsen 等(2014)也曾提出，产业结构对碳排放效率影响不显著，故消费通过产业结构对碳排放的影响仍有待讨论。因此，产业结构升级并未在居民需求水平与工业碳排放之间形成显著的中介效应，假设 1 成立。

表 9.2　中介效应 Bootstrap 检验结果

要素	路径	效应	效应系数	标准误差	95% 置信区间	
					下限	上限
产业结构升级	$\ln CPI$-$\ln is$	—	-2.334^{***}	0.269	-0.148	0.044
	$\ln is$-$\ln E_{CO_2}$	—	2.080^{**}	0.489	-1.372	0.742
	$\ln CPI$-$\ln is$-$\ln E_{CO_2}$	间接效应	-0.487	0.148	-0.5209	0.038
	$\ln CPI$-$\ln is$-$\ln E_{CO_2}$	直接效应	0.954^{***}	0.086	0.264	0.637
	$\ln CPI$-$\ln E_{CO_2}$	总效应	0.467^{***}	0.081	0.294	0.640
要素市场扭曲	$\ln CPI$-$\ln fac$	—	-1.942^{***}	0.288	-2.5598	-1.3233
	$\ln fac$-$\ln E_{CO_2}$	—	0.203^{***}	0.054	0.086	0.318
	$\ln CPI$-$\ln fac$-$\ln E_{CO_2}$	间接效应	-0.393^{***}	0.094	-0.573	-0.203
	$\ln CPI$-$\ln fac$-$\ln E_{CO_2}$	直接效应	0.860^{***}	0.119	0.603	1.112
	$\ln CPI$-$\ln E_{CO_2}$	总效应	0.467^{***}	0.081	0.294	0.640
科技创新投入	$\ln CPI$-$\ln rd$	—	-0.776^{***}	0.125	-1.044	-0.509
	$\ln rd$-$\ln E_{CO_2}$	—	-0.587^{***}	0.076	-0.750	-0.424
	$\ln CPI$-$\ln rd$-$\ln E_{CO_2}$	间接效应	0.456^{***}	0.160	0.151	0.816
	$\ln CPI$-$\ln rd$-$\ln E_{CO_2}$	直接效应	0.011^{***}	0.069	-0.137	0.160
	$\ln CPI$-$\ln E_{CO_2}$	总效应	0.467^{***}	0.081	0.294	0.640
能源消费水平	$\ln CPI$-$\ln esr$	—	0.479^{***}	0.044	0.3831	0.575
	$\ln esr$-$\ln E_{CO_2}$	—	1.373^{***}	0.325	0.671	2.075
	$\ln CPI$-$\ln esr$-$\ln E_{CO_2}$	间接效应	0.658^{***}	0.221	0.125	1.011
	$\ln CPI$-$\ln esr$-$\ln E_{CO_2}$	直接效应	-0.192	0.165	-0.545	0.165
	$\ln CPI$-$\ln E_{CO_2}$	总效应	0.467^{***}	0.081	0.294	0.640

注：* 表示 $p<0.10$，** 表示 $p<0.05$，*** 表示 $p<0.01$。

　　从要素市场扭曲的传导路径来看,居民需求水平的增长会让要素市场扭曲程度得到缓解,居民需求水平每增长一个百分点,就能使得要素市场负向发展减少1.942％,而要素市场扭曲则会进一步使碳排放量增多,要素市场扭曲每增长一个百分点,碳排放量就增加 0.203％。间接效应系数为－0.393,并且 95％的置信区间中未包含 0,这表明居民需求水平通过提高要素市场扭曲进而减少碳排放,假设2 成立;直接效应系数为 0.860;直接效应与间接效应的乘积为负,而总效应系数0.467 为正,这表明要素市场扭曲对碳排放影响存在"遮掩效应",使得总效应系数下降了 0.393。这也进一步表明需求水平的提高可以活跃市场要素,优化各类要素在市场中的配置,缓解稀缺性,推动市场发展,进一步降低碳排放。

　　从科技创新投入的传导路径来看,居民需求水平对科技创新投入具有负向作用,这说明消费增长每一个百分点,供给侧对于绿色技术的重视程度反而降低 0.776％,而科技创新投入的降低则会进一步造成碳排放量提高。间接效应回归系数为 0.456,结果显著,这表明科技创新投入产生了正向的中介效应,假设 3 成立;直接效应回归系数为 0.011,结果在统计上也显著;总效应系数为 0.467,其正负号与直接效应和间接效应的乘积相同,这表明不存在"遮蔽效应",居民需求水平的提高会降低科技创新投入发展,从而可能导致绿色技术发展不充分,难以抵消生产带来的碳排放逐年增长。

　　从能源消费水平传统路径来看,居民需求水平每增长一个百分点,能源消费水平增长 0.479％,而能源消费水平每增长一个百分点,又会引起碳排放增长 1.373％。居民需求水平的提高会进一步使得能源消费水平提升,而能源消费水平提高又会显著提高碳排放量,因此两者回归系数的乘积为正,即间接效应为正,系数为 0.658,假设 4 成立。直接效应系数为－0.192 且不显著,并且降低了总效应的正向影响程度,这表明由能源消费水平所构成的中介效应是一个完全中介,供给侧能源消费水平在需求侧对碳排放的影响中形成了很强的正向中介影响,由此可以得出结论:居民需求水平对工业碳排放量的提升效应主要由能源消费水平做中介进行传导。

　　综上所述,中介效应的检验结果显示,除了产业结构升级外,其余三个中介变量都存在显著中介效应,即居民需求水平分别通过缓解供给侧要素市场扭曲、促进科技创新投入、降低能源消费水平来对工业碳排放产生抑制作用,产业结构升级对工业碳排放影响的传导路径在统计结果上不显著。

(2)多重链式中介效应

　　上文研究结果显示,要素市场扭曲、科技创新投入以及能源消费水平在居民需求水平对工业碳排放的影响中都起到显著的中介作用。为深入探讨居民需求水平对碳排放影响是否存在多中介链式传导效应，本章继续以显著变量作为链式中介变量，对居民需求水平对碳排放影响的链式作用路径进行探讨，多重链式中介效应结果见表9.3。

从居民需求水平—要素市场扭曲—科技创新投入—工业碳排放的传导路径来看，95%区间并不包括数字0，这说明此条中介效应路径存在。间接效应系数为−0.321，从整体上来看，该链式中介影响拉低了四条路径总体中介效应的50.313%。这表明居民需求水平可以通过影响供给侧市场进一步对供给侧绿色科技创新产生负向影响，进而影响到工业碳排放，同时也表明消费可以优化市场要素从而提高市场科技创新水平，进而实现降低工业碳排放。因此，假设5成立。

从居民需求水平—要素市场扭曲—能源消费水平—碳排放的传导路径来看，其间接效应系数为0.211，但95%的置信区间中包含0，并不显著。这表明消费增长并不能通过供给侧市场发展，直接影响到能源消费水平对碳排放产生影响。因此，假设6不成立。

从居民需求水平—科技创新投入—能源消费水平—碳排放的传导路径来看，其间接效应系数为0.545，在统计学上显著。这表明当消费通过先影响供给侧知识技术水平，再影响能源结构，最终对碳排放的影响是正向的，而这一结果与消费先影响供给侧市场再影响科技创新投入的结果相反。这也印证了科技投入对碳排放量的影响存在一定的抑制作用，往往存在滞后效应，科技投入发挥作用需要一个渗透过程。因此，假设7成立。

从居民需求水平—要素市场扭曲—科技创新投入—能源消费水平—碳排放的传导路径来看，其间接效应系数为−0.266并在统计学上显著。从整体上看，该链式中介影响拉低了四条路径总体中介效应的41.693%。从上文的关联短链式可得，要素市场扭曲与科技创新投入呈负相关，而科技创新投入与能源消费水平链式呈正相关，这也印证了本链式中要素市场扭曲—科技创新投入—能源消费水平在整体中发挥负向影响。波特效应曾提出，政府应该设计适当的机制，通过延展市场力量促进企业在最大化自身利益的同时发展环保。即优化市场要素可以有效激发企业进行研发创新，进而影响能源消费水平，对碳排放产生负向影响。参照渗透过程，由于技术的转化需要相应的时间，因此虽然其链式间接效应表现为微弱负向影响，但其总效应仍为正向影响，即存在遮蔽效应，这也表明了消费可以对碳排放产生微弱正面影响。因此，假设8成立。

综上，居民需求水平通过三条链式路径对工业碳排放产生影响，其中居民需求水平—要素市场扭曲—科技创新投入—工业碳排放的传导路径和居民需求水平—要素市场扭曲—科技创新投入—能源消费水平—碳排放的传导路径呈负向影响,居民需求水平—科技创新投入—能源消费水平—碳排放的传导路径呈正向影响。并且从整体上看,居民需求水平通过要素市场扭曲、科技创新投入以及能源消费水平三大中介变量对工业碳排放产生了显著的正向中介作用,在 5% 显著性水平下四条路径总体中介效应为 0.638。

表 9.3　多重链式中介效应结果

效应		$\ln E_{CO_2}$
四条路径总体中介效应		0.638^{**}
		$[0.114, 1.0915]$
链式中介效应	$\ln CPI$-$\ln fac$-$\ln rd$-$\ln E_{CO_2}$	-0.321^{**}
		$[-0.531, -0.038]$
	$\ln CPI$-$\ln fac$-$\ln esr$-$\ln E_{CO_2}$	0.211
		$[-0.076, 0.543]$
	$\ln CPI$-$\ln rd$-$\ln esr$-$\ln E_{CO_2}$	0.545^{**}
		$[0.084, 1.307]$
	$\ln CPI$-$\ln fac$-$\ln rd$-$\ln esr$-$\ln E_{CO_2}$	-0.266^{**}
		$[-0.624, -0.049]$

注:* 表示 $p<0.10$,** 表示 $p<0.05$,*** 表示 $p<0.01$。

9.5　研究结论与建议

9.5.1　研究结论

本章探讨了居民需求水平对浙江省工业碳排放的影响传导路径,基于 2004—2019 年浙江省面板数据,通过构建多重中介效应模型,检验需求侧对工业碳排放的传导路径和影响效应。研究主要结论如下。

①基准回归结果显示,居民需求水平对浙江省工业碳排放存在显著的正向影响,即居民需求水平加剧了浙江省工业碳排放。

②多重中介效应检验结果表明,居民需求水平通过要素市场扭曲中介路径对浙江省工业碳排放产生间接的抑制作用,通过科技创新投入、能源消费水平两条

中介路径对浙江省工业碳排放产生间接的促进作用。

③链式中介效应检验结果表明，存在居民需求水平通过要素市场扭曲—科技创新投入、要素市场扭曲—科技创新投入—能源消费水平两条链式中介路径对浙江省工业碳排放产生负向影响，通过科技创新投入—能源消费水平产生正向影响。

9.5.2　对策建议

①重视需求侧对工业碳排放的影响，发展绿色低碳理念，促进消费模式转型升级。一方面，居民需求水平会降低绿色科技水平、提高能源消费水平从而增加工业碳排放，这说明绿色消费理念对降低工业碳排放具有重要的推广价值，需要全面促进重点领域消费绿色转型，激发全社会绿色低碳消费潜力，推进公共机构消费绿色转型，以消费促进工业企业加大绿色科技投入力度，完善绿色工业产业链。另一方面，消费可以通过减缓市场扭曲降低碳排放，这表明良好的消费结构能够促进生产资源优化配置。因此，要鼓励居民消费需求在宏观政策调控下有序发展，与市场形成良性循环，使市场要素及生产要素均衡发展，淘汰存在过剩产能的传统产业链，进一步矫正要素市场扭曲程度，从而有效降低工业碳排放。

②强化供给侧要素的中介效应，促进工业部门结构性改革。要充分重视要素市场扭曲对工业碳排放的影响，积极制定以促进供需平衡为基础的市场约束政策，营造良好市场氛围，将市场发展作为提高企业技术创新的动力。要不断放大政府补贴对工业企业研发投入的"挤入效应"，通过政策引导企业科技投入方向，提高新能源研发、节能降碳技术在工业企业研发投入中的比重，进而降低能源消费水平、减少碳排放。工业企业要积极领会国家"双碳"政策目标精神，适时调整投资及科技研发方向，积极利用太阳能等清洁能源，减少化石能源使用，充分发挥供给侧因素的中介效应。

③发挥需求—供给两侧协同效应，推进工业领域绿色低碳发展。"双碳"目标的推进是一项长期性、系统性的工作，必须推动需求侧管理与供给侧结构性改革的有效协同。从需求侧层面入手，政府应鼓励居民改变原有的消费结构，使用含碳量低的产品，引导消费结构和消费观念同期转变，从而以需求改革促进供给转型，引导居民理念转变以促进工业领域在技术、能源、市场不同供给侧环节共同发力，转变工业企业高耗能、高污染、高排放现状，提高技术创新研发中绿色技术的比重，在生产环节中贯彻落实低碳理念，从而有效降低工业碳排放，尽早完成浙江省工业行业达峰，实现"双碳"目标。

参考文献

阿尔钦,1994.产权:一个经典注释[M]//科斯,阿尔钦,诺斯.财产权利与制度变迁——产权学派与新制度学派译文集.上海:上海三联书店,上海人民出版社:166.

埃尔霍斯特,2015.空间计量经济学:从横截面数据到空间面板[M].肖光思,译.北京:中国人民大学出版社.

蔡博峰,王金南,杨姝影,等,2017.中国城市 CO_2 排放数据集研究——基于中国高空间分辨率网格数据[J].中国人口·资源与环境,27(2):1-4.

曹丽斌,李明煜,张立,等,2020.长三角城市群 CO_2 排放达峰影响研究[J].环境工程,38(11):33-38,59.

陈惠珍,2013.减排目标与总量设定:欧盟碳排放交易体系的经验及启示[J].江苏大学学报(社会科学版),15(4):14-23.

陈文颖,吴宗鑫,何建坤,2005.全球未来碳排放权"两个趋同"的分配方法[J].清华大学学报(自然科学版),45(6):850-853,857.

陈占明,吴施美,马文博,等,2018.中国地级以上城市二氧化碳排放的影响因素分析:基于扩展的STIRPAT 模型[J].中国人口·资源与环境,28(10):45-54.

邓旭,谢俊,腾飞,2021.何谓"碳中和"?[J].气候变化研究进展,17(1):107-103.

范英,莫建雷,2015.中国碳市场顶层设计重大问题及建议[J].中国科学院院刊,30(4):492-502.

范英,腾飞,张九天,2016.中国碳市场:从试点经验到战略考量[M].北京:科学出版社.

菲吕博腾,配杰威齐,1994.产权与经济理论:近期文献的一个综述[M]//科斯,等.财产权利与制度变迁——产权学派与新制度学派译文集.刘守英,译.上海:三联出版社:205.

龚利,屠红洲,龚存,2018.基于 STIRPAT 模型的能源消费碳排放的影响因素研究——以长三角地区为例[J].工业技术经济,37(8):95-102.

郭艺,曹贤忠,魏文栋,等,2022.长三角区域一体化对城市碳排放的影响研究[J].地理研究,41(1):181-192.

胡初枝,黄贤金,钟太洋,等,2008.中国碳排放特征及其动态演进分析[J].中国人口·资源与环境,(3):38-42.

黄蕊,王铮,2013.基于 STIRPAT 模型的重庆市能源消费碳排放影响因素研究[J].环境科学学报,33(2):602-608.

李继峰，顾阿伦，张成龙，等，2019.“十四五”中国分省经济发展、能源需求与碳排放展望——基于CMRCGE 模型的分析[J].气候变化研究进展，15(06):649-659.

李凯杰，曲如晓，2012.碳排放配额初始分配的经济效应及启示[J].国际经济合作(3):21-24.

李陶，陈林菊，范英，2010.基于非线性规划的我国省区碳强度减排配额研究[J].管理评论，22(6):54-60.

李艳梅，张雷，程晓凌，2010.中国碳排放变化的因素分解与减排途径分析[J].资源科学，32(2):218-222.

林伯强，杜克锐，2013.要素市场扭曲对能源效率的影响[J].经济研究，48(9):125-136.

林伯强，2022.探索推进消费侧个人碳减排[N].中国社会科学报，2022-03-09.

刘明磊，朱磊，范英，2011.我国省级碳排放绩效评价及边际减成本估计:基于非参数距离函数方法[J].中国软科学(3):106-114.

龙惟定，白玮，梁浩，等，2010.低碳城市的城市形态和能源愿景[J].建筑科学，26(2):13-18,23

吕倩，刘海滨，2020.基于夜间灯光数据的黄河流域能源消费碳排放时空演变多尺度分析[J].经济地理，40(12):12-21.

潘晓滨，2017.我国碳排放交易配额初始分配规则比较研究[J].环境保护与循环经济，27(2):4-9.

齐绍洲，2016.低碳经济转型下的中国碳排放权交易体系[M].北京:经济科学出版社.

齐绍洲，王班班，2013.碳交易初始配额分配:模式与方法的比较分析[J].武汉大学学报(哲学社会科学版)，66(5):19-28.

沈满洪，何灵巧，2002.外部性的分类及外部性理论的演化[J].浙江大学学报，32(1):152-160.

生态环境部，2021.全国碳市场第一个履约周期顺利收官[EB/OL].(2021-12-31)[2022-11-20].https://www.mee.gov.cn/ywgz/ydqhbh/wsqtkz/202112/t20211231_965906.shtml

世界资源研究所，2021.零碳之路:“十四五”开启中国绿色发展新篇章[R].北京:世界资源研究所.

宋德勇，刘习平，2013.中国省际碳排放空间分配研究[J].中国人口·资源与环境，23(5):7-13.

宋杰鲲，2010.我国二氧化碳排放量的影响因素及减排对策分析[J].价格理论与实践(1):37-38.

孙丹，马晓明，2013.碳配额初始分配方法研究[J].生态经济(学术版)(2):81-85.

谭萌，彭艺，马戎，等，2021.5G 对中国碳排放峰值的影响研究[J].中国环境科学，41(3):1447-1454.

王琛，2009.我国碳排放与经济增长的相关性分析[J].管理观察(9):149-150.

王迪，聂锐，王胜洲，2012.中国二氧化碳排放区域不平等的测度与分解—基于人际公平的视角[J].科学学研究，30(11):1661-1670.

王深，吕连宏，张保留，等，2021.基于多目标模型的中国低成本碳达峰碳中和路径研究[J].环境科学研究，34(9):2044-2055

王万军，路正南，朱东旦，2016.公平与效率权衡视角下的我国产业系统碳配额研究[J].统计与决策(23):162-165.

王文举，李峰，2015.我国统一碳市场中的省际间配额分配问题研究[J].求是学刊，42(2):44-51,181.

王文军，傅崇辉，骆跃军，等，2014.我国碳排放权交易机制试点地区的 ETS 管理效率评价[J].中国环境科学，34(6):1614-1621.

王文军,庄贵阳,2012.碳排放权分配与国际气候谈判中的气候公平诉求[J].外交评论,(1):72-84.

王向前,夏丹,2020.工业煤炭生产—消费两侧碳排放及影响因素研究——基于 STIRPAT-EKC 的皖豫两省对比[J].软科学,34(08):84-89.

王铮,朱永彬,2008.我国各省区碳排放量状况及减排对策研究[J].战略与决策研究,23(2):109-115.

韦韬,彭水军,2017.基于多区域投入产出模型的国际贸易隐含能源及碳排放转移研究[J].资源科学,39(1):94-104.

魏文栋,陈竹君,耿涌,等,2021.循环经济助推碳中和的路径和对策建议[J].中国科学院刊,36(9):1030-1038.

魏一鸣,王恺,凤振华,等,2010.碳金融与碳市场——方法与实证[M].北京:科学出版社.

吴延兵,2006.R&D 存量、知识函数与生产效率[J].经济学(季刊),5(4):1129-1156.

吴洋,范如国,2014.基于弹性脱钩理论的我国碳排放及经济增长研究[J].科技管理研究,34(20):221-225.

熊灵,齐绍洲,沈波,2016.中国碳交易试点配额分配的机制特征、设计问题与改进对策[J].武汉大学学报(哲学社会科学版),69(03):56-64

杨泽伟,2011.碳排放权:一种新的发展权[J].浙江大学学报(人文社会科学版),41(3):40-49.

于天飞,2007.碳排放权交易的产权分析[J].东北农业大学学报(社会科学版),5(2):101-103.

于雪霞,2015.碳排放权分配公平性演化分析及启示[J].科技管理研究,35(14):219-225.

袁晓玲,郗继宏,李朝鹏,等,2020.中国工业部门碳排放峰值预测及减排潜力研究[J].统计与信息论坛,35(9):72-82.

岳书敬,2021.长三角城市群碳达峰的因素分解与情景预测[J].贵州社会科学,381(9):115-124.

张俊,林卿,2017.产业转移对我国区域碳排放影响研究——基于国际和区域产业转移的对比[J].福建师范大学学报(哲学社会科学版)(4):72-80.

张希良,齐晔,2017.中国低碳发展报告:2017[M].北京:社会科学文献出版社.

张运生,2012.内生外部性理论研究新进展[J].经济学动态(12):115-124.

朱利恩,2016.碳市场计量经济学分析—欧盟碳排放权交易体系与清洁发展机制[M].程思,刘蒂,严雅雪,等译.大连:东北财经大学出版社.

朱平芳,徐伟民,2003.政府的科技激励政策对大中型工业企业 R&D 投入及其专利产出的影响——上海市的实证研究[J].经济研究,(6):45-54.

Anselin L,1995. Local indicator of spatial association-LISA[J]. Geographical Analysis,27(2):93-115.

Bohm P,Larsen B,1994. Fairness in atradable-permit treaty for carbon emissions deductions in Europe and the Former Soviet Union[J]. Environmental and Resource Economics,4(3):219-239.

Burnett J W,Bergstrom J C,Wetzstein M E,2013. Carbon dioxide emissions and economic growth in the US[J]. Journal of Policy Model,35(6):1014-1028.

Böhringer C,Rosendahl K E,2009. Strategic partitioning of emission allowances under the EU emission trading scheme[J]. Resource and Energy Economics,31(3):182-197.

Cai B F，Wang J N，Yang S Y，et al.，2017. Carbon dioxide emissions from cities in China based on high resolution emission gridded data[J]. Chinese Journal of Population Resources and Environment,15(1):58-70.

Cang D B，Chen C，Chen Q，et al.，2021. Does new energy consumption conducive to controlling fossil energy consumption and carbon emissions? Evidence from China[J]. Resources Policy,74 (12):102427.

Cantore N,2011. Distributional aspects of emissions in climate change integrated assessment models [J]. Energy Policy,39(5):2919-2924.

Cao Q R，Kang W，Xu S C，et al.，2019. Estimation and decomposition analysis of carbon emissions from the entire production cycle for Chinese household consumption[J]. Journal of Environmental Management,247(10):525-537.

Chai Y，Lin X，Wang D,2021. Industrial structure transformation and layout optimization of Beijing-Tianjin-Hebei region under carbon emission constraints[J]. Sustainability,13(2):1-20.

Chen J D，Gao M，Cheng S，et al.，2021. China's city-level carbon emissions during 1992-2017 based on the inter-calibration of nighttime light data[J]. Scientific Reports,11(1):3323.

Churkina G,2008. Modeling the carbon cycle of urban systems[J]. Ecological Modelling,216(2): 107-113.

Clo S,2010. Grandfathering，auctioning and Carbon Leakage:Assessing the inconsistencies of the new ETS directive[J]. Energy Policy,38(5):2420-2430.

Cong R G，Wei Y M,2010. Potential impact of (CET) carbon emissions trading on China's power sector:A perspective from different allowance allocation options[J]. Energy,35 (9): 3921-3931

Dai S，Zhang W M，Wang Y Y，et al.，2022. Examining the impact of regional development policy on industrial structure upgrading:Quasi-experimental evidence from china[J]. International Journal of Environmental Research and Public Health,19(9):5042.

Dales J H，1968. Pollution，property and prices:An essay in economics[M]. Toronto:University of Tonnto Press.

Dietz T，Rosa E,1997. Effects of population and affluence on CO_2 emissions[J]. Proceedings of the National Academy of Sciences of the United States of America,94(1):175-179.

Ding Y，Li F,2017. Examining the effects of urbanization and industrialization on carbon dioxide e-mission:Evidence from China's provincial regions[J]. Energy,125:533-542.

Duan H B，Zhou S，Jiang K J，et al.，2021. Assessing China's efforts to pursue the 1.5℃ warming limit[J]. Science,372(6540):378-385.

Duan Z Y，Wang X E，Dong X Z，et al.，2020. Peaking industrial energy-related CO_2 emissions in typical transformation region:Paths and mechanism[J]. Sustainability,12(3):791.

Duro J A，Padilla E,2006. International inequalities in per-capita CO_2 emissions:A decomposition methodology by Kaya factor[J]. Energy Economics,28(2):170-187.

Ehrlich P R，Holdren J P,1971. Impact of population growth[J]. Science,171(7977):1212-1217.

Fan J L, Liao H, Liang Q M, et al. ,2013. Residential carbon emission evolutions in urban-rural divided China: An end-use and behavior analysis[J]. Applied Energy,101(1):323-332.

Fan Y, Wang X,2014. Which sectors should be included in the ETS in the context of a unified carbon market in China? [J]. Energy & Environment,25(3/4):613-634.

Gao P F, Wang Y D, Zou Y, et al. ,2022. Green technology innovation and carbon emissions nexus in China: Does industrial structure upgrading matter? [J]. Frontiers in Psychology,13(7): 951172.

Georgopoulou E, Sarafidis Y, Mirasgedis S, et al. ,2006. Next allocation phase of the EU emissions trading scheme: How tough will the future be? [J]. Energy Policy,34(18):4002-4023.

Goulder L H, Parry I, Burtraw D,1997. Revenue-raising versus other approaches to environmental protection: The critical significance of preexisting tax distortions[J]. RAND Journal of Economics,28(4):708-731.

Griliches Z,1979. Issues in assessing the contribution of research and development to productivity growth[J]. The Bell Journal of Economics,10(1):92-116.

Hahn R W,2009. Greenhouse gas auctions and taxes: some political economy considerations[J]. Review of Environmental Economics and Policy,3(2):167-188.

Hall B H, Mairesse J,1995. Exploring the relationship between R&D and productivity in French manufacturing firms[J]. Journal of Econometrics,65(1):263-293.

Han J W, Miao J J, Du G, et al. ,2021. Can market-oriented reform inhibit carbon dioxide emissions in China? A new perspective from factor market distortion[J]. Sustainable Production and Consumption,27(7):1498-1513.

Hao Y, Liu Y M,2015. Has the development of FDI and foreign trade contributed to China's CO_2 emissions? An empirical study with provincial panel data [J]. Natural Hazards, 76 (2): 1079-1091.

Heil M T, Wodon Q T,1997. Inequality in CO_2 emissions between poor and rich countries[J]. The Journal of Environment & Development,6(4):426-452.

Holdren J P, Ehrlich P R,1974. Human population and the global environment[J]. American Scientist,62(3):282-292.

Huang Q, Zheng H, Li J S, et al. ,2021. Heterogeneity of consumption-based carbon emissions and driving forces in Indian states[J]. Advances in Applied Energy,4(11):100039.

Huber B R,2013. How did RGGI do it? Political economy and emissions auctions[J]. Ecology Law Quarterly,40(1):59-106.

IPCC,2013. Climate Change 2013: The Physical Science Basis[R]. Cambridge: Cambridge University Press.

IPCC,2018. Special report: Global warming of 1.5℃[R]. Geneva: IPCC.

IPCC, 2021. Climate Change 2021: Fundamentals of Natural Science[R]. Geneva: IPCC.

IPCC, 2022. Climate change 2022: impacts, adaptation, and vulnerability[R]. Geneva: IPCC.

Isaksen E T, Narbel P A, 2017. A carbon footprint proportional to expenditure-A case for Norway? [J]. Ecological Economics, 131(1):152-165.

Jiang Q Q, Khattak S I, Rahman Z U, 2021. Measuring the simultaneous effects of electricity consumption and production on carbon dioxide emissions (CO_2e) in China: New evidence from an EKC-based assessment[J]. Energy, 229(8):120616.

Jing Q, Luo W, Bai H, et al. ,2018. A method for city-level energy-related CO_2 emission estimation [J]. Acta Scientiae Circumstance, 38(12):4879-4886.

Kirikkaleli D, Adebayo T S, 2021. Do public-private partnerships in energy and renewable energy consumption matter for consumption-based carbon dioxide emissions in India? [J]. Environmental Science and Pollution Research, 28(23):30139-30152.

Kopidou D, Diakoulaki D, 2017. Decomposing industrial CO_2 emissions of Southern European countries into production and consumption-based driving factors[J]. Journal of Cleaner Production, 167(11):1325-1334.

Li H N, Mu H L, Zhang M, et al. ,2011. Analysis on influence factors of China's CO_2 emissions based on Path-STIRPAT model[J]. Energy Policy, 39(11):6906-6911.

Li H N, MuH L, Zhang M, et al. ,2012. Analysis of regional difference on impact factors of China's energy-related CO_2 emissions[J]. Energy, 39(1):319-326.

Li Y, Kang W, Yan P C, et al. ,2020a. Study on the influence of household consumption on energy consumption under the threshold of rising house price[J]. IOP Conference Series: Earth and Environmental Science, 546(2):022002.

Li Y, Li Y, Chen T, et al. ,2020b. Research on the Impact of upgrading of consumption structure on energy intensity under the background of urban and rural dual economy[C]. IOP Conference Series: Materials Science and Engineering, 793(1),012058.

Liddle B, 2013. Urban density and climate change: A STIRPAT analysis using city-level data[J]. Journal of Transport Geography, 28(3):22-29.

Liu D, Xiao B, 2018. Can China achieve its carbon emission peaking? A scenario analysis based on STIRPAT and system dynamics model[J]. Ecological Indicators, 93(10):647-657.

Liu Y S, Zhou Y, Wu W X, 2015. Assessing the impact of population, income and technology on energy consumption and industrial pollutant emissions in China[J]. Applied Energy, 155(17): 904-917.

Ma Q Z, Song H Q, Chen G Y, 2014. A study on low-carbon product pricing and carbon emission problems under the cap-and-trade system[J]. Journal of Industrial Engineering and Engineering Management, 28(2):127-136.

Mao C, Yin X, 2011. Relationship between consumption of urban residents and carbon emissions in Jiangsu Province[C]//2011 International Conference on Electrical and Control Engineering. IEEE.

Meng L, Graus W, Worrell E, et al. , 2014. Estimating CO_2 (carbon dioxide) emissions at urban scales by DMSP/ OLS (Defense Meteorological Satellite Program's Operational Linescan System)nighttime light imagery: Metho-dological challenges and a case study for China[J]. Energy, 71:468-478.

Pan T, Kao J,2009. Inter-generational equity index for assessing environmental sustainability: An example on global warming[J]. Ecological Indicators,9(4):725-731.

Philippsen A,2014. Energy input, carbon intensity and cost for ethanol produced from farmed seaweed[J]. Renewable and Sustainable Energy Reviews,38(2):609-623.

Potomac Economics,2009. Market monitor report for auction 6[R/OL]. [2022-12-21]. https://www. rggi. org/sites/default/files/Uploads/Auction-Materials/06/Auction _ 6 _ Market _ Monitor. pdf

Poumanyvong P, Kaneko S,2010. Does urbanization lead to less energy use and lower CO_2 emissions? A cross-country analysis[J]. Ecological Economics,70(2):434-444.

Preacher K J, Hayes A F,2008. Asymptotic and resampling strategies for assessing and comparing indirect effects in multiple mediator models[J]. Behavior Research Methods,40(3):879-891.

Qiao S, Shen T, Zhang R R, et al. ,2021. The impact of various factor market distortions and innovation efficiencies on profit sustainable growth: From the view of China's renewable energy industry[J]. Energy Strategy Reviews,38(11):100746.

Raupach M R, Rayner P J, Paget M, 2010. Regional variations in spatial structure of nightlights, population density and fossil-fuel CO_2 emissions[J]. Energy Policy,2010.38(9):4756-4764.

Robin S, Murray H, Cameron H, et al. ,2006. The impact of CO_2 emission trading on firm profits and market prices[J]. Climate Policy,6(1):31-48.

Shafiei S, Salim R A,2014. Non-renewable and renewable energy consumption and CO_2 emissions in OECD countries: A comparative analysis[J]. Energy Policy,66:547-556.

Shahbaz M, Loganathan N, Muzaffar A T, et al. ,2016. How urbanization affects CO_2 emissions in Malaysia? The application of STIRPAT model[J]. Renewable and Sustainable Energy Reviews, 57:83-93.

Shan Y, Guan D, Liu J, et al. ,2017. Methodology and applications of city level CO_2 emission accounts in China[J]. Journal of Cleaner Production,161:1215-1225.

Shan Y, Liu J, Liu Z, et al. ,2019. An emissions-socioeconomic inventory of Chinese cities[J]. Scientific Data,6:190027.

Shao S, Guan D, Shan Y, et al. , 2019. An emissions-socioeconomic inventory of Chinese cities[J]. Scientific Data,6(9):190027.

Shen L, Wu Y, Lou Y, et al. ,2018. What drives the carbon emission in the Chinese cities? —A case of pilot low carbon city of Beijing[J]. Journal of Cleaner Production,174:343-354.

Sijm J, Neuhoff K, Chen Y,2006. CO_2 Cost pass-through and windfall profits in the power sector [J]. Climate Policy,6(1):49-72.

Stern D I,2002. Explaining changes in global sulfur emissions: An econometric decomposition approach[J]. Ecological Economics, 42(1/2): 201-220.

Su Y, Chen X, Li Y, et al. , 2014. China's 19-year city-level carbon emissions of energy consumptions, driving forces and regionalized mitigation guidelines[J]. Renewable and Sustainable Energy Reviews, 35: 231-243.

Sun C, Zhang F, Xu M, 2017. Investigation of pollution haven hypothesis for China: An ARDL approach with breakpoint unit root tests[J]. Journal of Cleaner Production, 161(9): 153-164.

Sun H, Gao G K, 2022. Research on the carbon emission regulation and optimal state of market structure: Based on the perspective of evolutionary game of different stages[J]. RAIRO - Operations Research, 56(4): 2351-2366.

Sun L L, Cui H J, Ge Q S, 2022. Will China achieve its 2060 carbon neutral commitment from the provincial perspective? [J]. Advances in Climate Change Research, 13(2): 169-178.

Tan S, Yang J, Yan J, et al. , 2016. A holistic low carbon city indicator framework for sustainable development[J]. Applied Energy, 185: 1919-1930.

Tomiwa S A, Edmund N U, Zahoor A, et al. , 2021. Determinants of consumption-based carbon emissions in Chile: An application of non-linear ARDL[J]. Environmental Science and Pollution Research, 28(32): 43908-43922.

Tone K, 2002. A slacks-based measure of super-efficiency in data envelopment analysis[J]. European Journal of Operational Research, 143(1): 32-41.

Wang L H, 2015. Research on the relationship between the upgrading of china's industry and its influence factors[C]//Khatib J. Energy, envrronmental & sustainable ecosystem development. Singapor World Scientific.

Wang Y, Shi M J, 2009. CO_2 Emission induced by urban household consumption in China[J]. Chinese Journal of Population, Resources and Environment, 7(3): 11-19.

Wang Z H, Yin F C, Zhang Y X, et al. , 2012. An empirical research on the influencing factors of regional CO_2 emissions: Evidence from Beijing city, China[J]. Applied Energy, 100: 277-284.

Wei Y M, Liu L C, Fan Y, et al. , 2007. The impact of lifestyle on energy use and CO_2 emission: An empirical analysis of China's residents[J]. Energy Policy, 35(26): 247-257.

Wei Y M, Mi Z F, Huang Z M, 2015. Climate policy modeling: An online SCI-E and SSCI based literature review[J]. Omega: The international journal of management science, 57(12): 70-84.

Wei Y M, Wang L, Liao H et al. , 2014. Responsibility accounting in carbon allocation: A global perspective[J]. Applied Energy, 130: 122-133.

Woerdman E, Weishaar S E, 2010. Pros and cons of auctioning emission rights: A law and economics perspective[J]. Social Science Electronic Publishing, 1(2): 1-19.

Xia Y, Wang H J, Liu W D, 2019. The indirect carbon emission from household consumption in China between 1995-2009 and 2010-2030: A decomposition and prediction analysis[J]. Computers & Industrial Engineering, 128(2): 264-276.

Xu B, Luo L Q, Lin B Q, 2016. A dynamic analysis of air pollution emissions in China: Evidence from nonparametric additive regression models[J]. Ecological Indicators,63:346-358.

Yang G L, Zha D L, Wang X J, et al. ,2020. Exploring the nonlinear association between environmental regulation and carbon intensity in China: The mediating effect of green technology[J]. Ecological Indicators,114(7):106309.

York R, Rosa E A, Dietz T,2003. STIRPAT, IPAT and ImPACT: analytic tools for unpacking the driving forces of environmental impacts[J]. Ecological Economics,46(3):351-365.

Zetterberg L, 2014. Benchmarking in the European Union Emissions Trading System:Abatement incentives[J]. Energy Economics,43(C):218-224.

Zhang C G, Liu C,2015. The impact of ICT industry on CO_2 emissions: A regional analysis in China [J]. Renewable and Sustainable Energy Reviews,44:12-19.

Zhang C, Zhou X,2016. Does foreign direct investment lead to lower CO_2 emissions? Evidence from a regional analysis in China[J]. Renewable & Sustainable Energy Reviews,58(5):943-951.

Zhang J F, Zheng Z C, Zhang L J, et al. ,2021. Digital consumption innovation, socio-economic factors and low-carbon consumption: Empirical analysis based on China[J]. Technology in Society, 67(11):101730.

Zhang J, Wang K Q, Zhao W D, et al. ,2020. Corporate social responsibility and carbon emission intensity: Is there a marketization threshold effect? [J]. Emerging Markets Finance and Trade,58 (4):1-13.

Zhang Y J, Wang A D, Tan W P,2015. The impact of China's carbon allowance allocation rules on the product prices and emission reduction behaviors of ETS-covered enterprises[J]. Energy Policy,86(1):176-185.